# 肉羊
# 疾病诊疗图鉴

◎ 马利青　主编

U0272186

中国农业科学技术出版社

**图书在版编目（CIP）数据**

肉羊疾病诊疗图鉴 / 马利青主编 . -- 北京：中国农业科学技术出版社，2018.5
ISBN 978-7-5116-3432-0

Ⅰ . ①肉… Ⅱ . ①马… Ⅲ . ①肉用羊－羊病－诊疗－图解 Ⅳ . ① S858.26-64

中国版本图书馆 CIP 数据核字 (2017) 第 321076 号

责任编辑　闫庆健　　陶莲
责任校对　贾海霞

出 版 者　中国农业科学技术出版社
　　　　　北京市中关村南大街 12 号　邮编：100081
电　　话　（010）82106636（编辑室）（010）82109702（发行部）
　　　　　（010）82109709（读者服务部）
传　　真　（010）82106631
网　　址　http://www.castp.cn
经 销 者　各地新华书店
印 刷 者　北京昌联印刷有限公司
开　　本　880mm×1 230mm　1 /16
印　　张　18.5
字　　数　369 千字
版　　次　2018 年 5 月第 1 版　2018 年 5 月第 1 次印刷
定　　价　98.00 元

# 编写人员

《肉羊疾病诊疗图鉴》

主　编　马利青

副主编　才学鹏　张克山　郭志宏　蔡进忠

编　者　（以姓氏笔画为序）

马延芳　王戈平　王光华　王光雷　王启菊

丛国正　朱延旭　乔海生　刘振伟　祁全青

李　剑　李生福　李呈明　李秀萍　李春花

李宗文　宋永武　张卫忠　张西云　张学勇

张德林　陆　艳　河生德　金　花　胡　勇

胡　蓉　耿　刚　原永海　董泽生　雷萌桐

简莹娜　窦永喜　蔡其刚

# 前言

　　养羊产业的发展促进了养殖方式从散养向规模和集约养殖方向发展，与之相伴的羊病的发生发展也有所改变，以前危害严重的一些羊病通过综合防制后显得不那么重要了，而一些以往危害不严重的羊病又显得危害大了，伴随着生产方式的改变，又新出来了一些羊病，为了更好地防治这些羊病，为养羊业的健康发展保驾护航，我们编辑了本图鉴。

　　本图鉴立足于广大的养羊场、种羊场和农户，题材来自养羊第一线。内容涉及羊病预防的一般原则，厂址的选择及建筑要求，常见普通病（包括产科类、内科类和代谢类），肉羊易发传染类疾病（包括重大传染病、梭菌类、疱疹类、流产类、腹泻类、肺部疾病和其他类疾病）和寄生虫类疾病（包括寄生虫防治新技术、绦虫病、吸虫病、蝇蛆病、线虫病和原虫类疾病）。

　　这些内容对临诊兽医工作者和饲养管理人员来说都是应当掌握的，其中，诊断要点和防治措施更为重要，是每个疾病诊疗的重点。典型症状包括对疾病诊断有帮助的一些较重要的症状和眼观病理变化，图片也都是比较典型的，能够说明问题。因此，本图鉴的特点是简明扼要、图文并茂、重点突出、容易掌握。

　　在编辑过程中既邀请了专门从事羊病研究的国家队的科研人员，也邀请了部分省级科研及推广单位的技术人员，更吸收了来自基层畜牧兽医工作站以及养羊场的技术人员，同时，他们也提供了一些非常宝贵的临床照片，在此致谢！

　　由于编辑时间仓促，加之编者水平有限，错误和缺点在所难免，恳请广大读者提出宝贵意见，以在今后的再版中完善更新。

编者

2017 年 10 月

# Contents 目录

## 第一篇 肉羊普通病

# 第二篇　肉羊传染病

# 第三篇　肉羊寄生虫病

# 第一篇

# 肉羊普通病

# 第一章

## 肉羊病的综合防控措施

# 第一节　疾病预防一般性原则

### 一、规模养羊十大关键措施

### 1. 强化饲养管理

实施合理的饲养管理制度，能让羊群健康生长发育，保证羊有良好的体质，具备理想的抗病能力。如全面的营养，可防止代谢病的发生；细致的管理，可防止普通病的发生；合理的轮牧，可防止寄生虫病的发生；清洁的饮水，可防止传染病的发生；及时灌服健胃剂，能促进胃肠道消化机能，保持旺盛的食欲和较高的消化率。天气干燥寒冷时，加强圈舍保暖；天气潮湿闷热时，加强通风管理，都能避免各种疾病的发生（图 1-1-1，图 1-1-2）。

图 1-1-1　较好的生态环境条件（石国庆提供）

图 1-1-2　良好的圈舍条件（马利青提供）

## 2. 重视环境卫生

传统的养羊业管理粗放简单，环境污秽潮湿，这不但使蚊蝇等昆虫大量繁衍，而且会滋生病原微生物和寄生虫，还会污染饲料和饮水，从而导致疫病的发生和传播。规模养羊要重视改善环境卫生条件，经常清扫地面，更换垫草，注意通风换气，保持圈舍清洁、干燥、卫生，粪便和污物要堆积发酵。夏秋季节，每晚在圈舍及场区内喷洒3%~5%的敌敌畏溶液，可防止蚊虫和羊鼻蝇侵害羊群（图1-1-3）。

## 3. 严格消毒制度

羊舍地面、墙壁、围栏等都要经常进行消毒，常用的工具如食槽、补料槽、水槽等也需要定期清洗消毒。一般情况下，1~2周消毒1次，如果出现疫情，每周应消毒2~3次。

图1-1-3　标准化的圈舍卫生条件
（马利青提供）

消毒剂应使用无腐蚀、无毒性的表面活性剂类，如新洁而灭、洗必泰、度米芬、百毒杀、畜禽安等。空圈消毒可选用杀菌效力更好的消毒剂，如10%的漂白粉、3%的来苏尔、2%~4%的氢氧化钠、4%的甲醛等。有些散养户常让羊饮死水和污水，这是不可取的，养羊饮水要清洁，还须进行消毒处理，可选用容易分解的卤素类消毒剂，如漂白粉、次氯酸钙等（图1-1-4，图1-1-5）。

图1-1-4　严格的消毒机制（耿刚提供）

图1-1-5　常用的消毒剂（耿刚提供）

#### 4. 制订免疫计划

羊常见传染病较多，如炭疽病、口蹄疫、痘病、布氏杆菌病、大肠杆菌病、链球菌病、传染性胸膜肺炎、传染性脓包等，危害严重，尤其是梭菌感染引起的疫病，如快疫、黑疫、猝狙、肠毒血症、羔羊痢疾等，常常引起急性猝死，发病后几乎没有治疗时间。预防这些疫病都有相应的疫苗，免疫保护期大多在半年至 1 年，应根据当地的疫情特点，

图 1-1-6 程序化的免疫程序（耿刚提供）

制订出合理的免疫接种计划，按照程序定期进行免疫接种，不要盲目地乱接种，否则会诱发某些疾病。有疫情威胁时，要立即进行紧急免疫接种（图 1-1-6）。

#### 5. 定期用药驱虫

羊群容易发生体内寄生虫和体外寄生虫，体内寄生虫可内服药物驱杀，体外寄生虫可通过药浴驱杀。内服药主要有伊维菌素、硫双二氯酚、吡喹酮、丙硫咪唑等，大群使用前，应先做好小群试验，以防发生药害和中毒；药浴可选用 0.1%~0.2% 杀虫脒、1% 敌百虫、速灭菊酯（80~200 毫克/千克）、溴氰菊酯（50~80 毫克/千克）、石硫合剂等。一般每年春秋两季各进行 1 次体内外驱虫，体内驱虫后 1~3 天将粪便发酵或消毒，以杀灭寄生虫卵（图 1-1-7，图 1-1-8，图 1-1-9）。

#### 6. 预防饲料伤害

高粱苗、玉米苗含有氢氰酸，误食后会引起氢氰酸中毒；叶菜类饲料和幼嫩的青饲料中含有较多硝酸盐，在瘤胃硝化菌的作用下，可转化成为亚硝酸盐，若采食过量，会引起

图 1-1-7 合理的驱杀内外寄生虫规范
（宋永武提供）

图 1-1-8 常用的外寄生虫驱杀制剂
（耿刚提供）

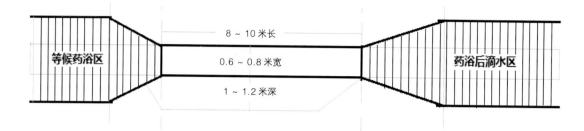

等候药浴区

8 ~ 10 米长

0.6 ~ 0.8 米宽

1 ~ 1.2 米深

药浴后滴水区

图 1-1-9　药浴池（"Y"字形待洗栏）（马利青提供）

亚硝酸盐中毒；小萱草根、毒芹、闹羊花、木贼草等都是有毒植物，羊采食后会引起中毒；棉田和果园附近的牧草容易被农药污染，羊采食后会引起农药中毒。所有这些，在野外放牧时都需要高度重视。

发霉变质的饲料、发芽的土豆、患黑斑病的甘薯都不能给羊群做饲料；棉籽饼、菜籽饼必须经过脱毒处理后才可以喂羊，且要限制饲喂量；羊圈运动区内不要种植夹竹桃，防止羊群误食中毒；作物秸秆上的地膜要摘除干净，秸秆下部粗硬的部分和根须要尽量切掉不用；秋季不要用柔韧的秧蔓喂羊，阴雨天气尽量将粗料切细。做好这些，能避免饲料因素引起的许多疾病（图 1-1-10）。

**7. 搞好药物预防**

药物预防必不可少，可以为羊群的健康成长打造安全屏障。常用药物主要有磺胺类，如新诺明、磺胺二甲嘧啶、磺胺脒等；四环素类，如金霉素、土霉素、四环素等；硝基呋喃类，如呋喃西林、呋喃唑酮等，可拌饲料中或混入饮水中，磺胺类用量为 0.1%~0.2%，四环素类用量为 0.01%~0.03%，硝基呋喃类用量为 0.01%~0.02%。抗菌药物不能长期应用，防止产生抗药性，引起中毒反应或影响瘤胃生理机能，一般连用 5~7 天即可。预防用药主要选择气候多变时、出现疫情时、疫病易发时，如断尾、去势、断奶前后进行投喂。

图 1-1-10　青贮饲料左面的管理到位，右面的出现二次发酵（董泽生提供）

## 8. 完善检疫制度

羊的检疫制度需要完善，从生产到出售，应该经过出入场检疫、收购检疫、运输检疫、屠宰检疫等，只有检疫合格，才可以进入下一个环节。规模养羊必须认真做好出入场检疫，不从疫区购买羊只、饲料、用具，尽量采用自繁自养的饲养方法，新购进的羊必须隔离观察 1 个月以上，确认健康后方可进入场区，进场前要进行驱虫、消毒、疫苗补种。平时要严格管理制度，禁止闲杂人员进入，必须入场的人员和车辆应进行消毒，未经处理的牛羊制品，不能带进羊场（图 1-1-11，图 1-1-12，图 1-1-13）。

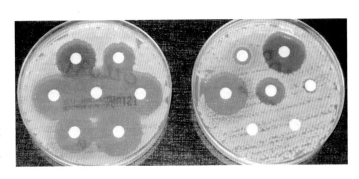

图 1-1-11　分离菌株的药物敏感试验（马利青提供）

图 1-1-12　选用敏感药物进行治疗（耿刚提供）

图 1-1-13　完善的动物疫病检验制度（蔡其刚提供）

## 9. 观察日常行为

平时要注意观察羊群，对可疑羊进行细致的检查，及时挑出体征异常的羊。观察的主要内容有体态、眼神、被毛、采食、反刍、粪便、尿液等，检查的主要内容有黏膜、结膜、舌苔、异味、体温、脉搏、呼吸等。另外，羊鼻镜是否湿润，是羊健康与否的关键指征，观察或检查时一定不能忽略。健康羊有 3 个生理常数需要记住：体温为 38~40℃，呼吸 18~24 次 / 分钟，脉搏 70~80 次 / 分钟，发现异常，应及时请专业兽医进行诊治（图 1-1-14～图 1-1-20）。

## 10. 及时处理病羊

传染病传播迅速快，危害严重，万一出现疫情，应迅速隔离病羊，防止疫情扩散，隔

图 1-1-14　新购进种羊必须进行隔离观察（蔡其刚提供）

图 1-1-15　外调种羊也要进行严格的检疫
（耿刚提供）

图 1-1-16　仔细观察产后母子行为表现
（耿刚提供）

图 1-1-17　仔细观察每天的排尿情况
（张卫忠提供）

图 1-1-18　好斗行为（张卫忠提供）

图1-1-19　运动有无异常（乔海生提供）　　　图1-1-20　精神状况（张卫忠提供）

离区内所有未经彻底消毒的东西都不能运出，与病羊有过接触的羊要单独圈养观察。发生口蹄疫、羊痘等传染病时，要及时报告兽医管理机构，划定疫区，隔离封锁，尽快消灭疫情。病尸不能随意抛弃、食用或进入市场，应根据疫病性质，采取焚烧或深埋等无害化处理措施。

**二、发生传染病的主要措施**

**1. 隔离和上报疫情**

（1）一旦发生传染病，兽医人员要立即向上级部门报告疫情。

（2）对发病羊场进行封锁和消毒。

（3）对发病羊群逐个检查，挑出病羊和可疑病羊进行隔离治疗。

（4）立即将病羊和健康羊隔离，不让它们有任何接触。

（5）派专人饲养管理，固定用具，并加强消毒工作，以防健康羊受到感染。

（6）尽快采集病死羊的病料送到兽医部门检验确诊。

**2. 隔离羊的处理**

（1）对健康羊和可疑感染羊，要进行紧急免疫接种或药物预防。接种疫苗越快越好，其所用的疫苗剂量应为正常剂量的1~2倍。

（2）对于发病前与病羊有过接触的羊（无临床症状）一般称为可疑感染羊，不能与其他健康羊饲养在一起，必须单独圈养，派专人饲养管理，经过20天以上的观察，确认不发病才能与健康羊合群。如有出现病状的羊，则按病羊处理。

（3）对已隔离的病羊，要及时进行药物治疗。治愈后的羊，应在用药后10~14天再用疫苗免疫1次。没有治疗价值的病羊，由兽医师根据国家规定进行严格处理（图1-1-21）。

### 3.隔离场所的管理

（1）隔离场所，禁止人、畜出入和接近，工作人员出入应遵守消毒制度。

（2）隔离区的用具、饲料、粪便等，未经彻底消毒不得运出。

（3）病羊尸体要焚烧或深埋，不得随意抛弃。

### 4.控制疫病的传染媒介

（1）一旦发生传染病，除了加强环境卫生管理，对病羊的粪便、排泄物、尸体等所有可能传播病原的物质进行严

图1-1-21　病死羊尸体的深埋处理（耿刚提供）

格处理外，还要根据不同种类传染病的传染媒介，采取相应的防治对策。

（2）当发生经消化道传染的疫病时，主要是停止使用已污染的草料、饮水、牧场及饲养管理用具，禁止病羊与健康羊共同使用一个水源、牧场或同槽饲养。

（3）当发生呼吸道传染的疾病时，应单独饲养，并注意栏舍的通风干燥，将羊群划分为小群，防止接触。

（4）当发生吸血昆虫传播的传染病时，主要防止吸血昆虫叮咬健康羊。

（5）当发生经创口感染的传染病时，主要防止羊只发生创伤，有外伤应及时治疗和处理。

（6）对寄生虫病，应尽量避免中间宿主与羊只接触，控制和消灭中间宿主的活动。

### 三、疾病防治的三大措施

### 1.控制传染来源

（1）防止外来疫病的侵入：有条件的地方应坚持"自繁自养"，以减少疫病的传入。必须引入羊时，无论从国内还是从国外引进，只能从非疫区购买。不购买无检疫证明的羊。新购入的羊只需进入隔离饲养，观察1个月后，确认健康后方可混群饲养。

（2）经常检查羊群疫情，加强羊群检疫工作，注意查明、控制和消灭传染源。对有些传染病，如布氏杆菌病应定期进行检疫。对所查出的病羊或可疑羊，根据情况及时进行隔离、治疗或扑杀。

（3）一旦发生传染病要向有关部门报告疫情，并立即隔离病羊、可疑羊，派专人饲养管理，固定用具，并加强消毒工作，防止疫病蔓延。

### 2.切断传染途径

（1）做好日常环境卫生消毒工作，对粪便、污水进行无害化处理；定期杀虫、灭鼠；

对不明死因的羊只严禁随意剥皮吃肉或任意丢弃，应采用焚烧、深埋等方式处理。

（2）当发生经消化道传染的疫病时，主要是停止使用已污染的草料、饮水、牧场及饲养管理用具，禁止病羊与健康羊共同使用一个水源、牧场或同槽饲养。当发生呼吸道传染的疫病时，应单独饲养，并注意栏舍的通风干燥。当发生经创口感染的传染病时，应主要防止羊只发生创伤，有外伤应及时治疗。对寄生虫病，应尽量避免中间宿主与羊只接触，控制和消灭中间宿主的活动。另外应加强环境卫生管理，对病羊的粪便、排泄物、尸体等所有可能传播病原的物质进行严格处理。

### 3. 增强羊只的免疫力

（1）加强饲养管理工作：经常检查羊只的营养状况，要适时进行重点补饲，防止营养物质缺乏。这点对妊娠、哺乳母羊和育成羊尤其重要。严禁饲喂霉变饲料、毒草和农药喷过不久的牧草。禁止羊只饮用死水或污水，以减少病原微生物和寄生虫的侵袭，羊舍要保持干燥、清洁、通风。

（2）进行免疫接种：根据本地区常发生传染病的种类及当前疫病流行情况，制定切实可行的免疫程序。

（3）紧急免疫：当易感羊处于传染威胁的情况下，除了改善饲养管理，提高机体抗病能力外，还要用疫苗或抗血清进行紧急预防注射，提高免疫力。

### 四、发生急性、烈性传染病时的主要应急措施

当发现疫病来势凶猛、症状严重、大量死亡的急性传染病，或发现类似口蹄疫、羊痘等烈性传染病时，应立即报告有关部门，划定疫区，采取严格的隔离封锁措施，并组织力量尽快扑灭。

### 1. 隔离、待检和上报疫情

按上述一般传染病进行隔离、上报疫情和送检病料，争取尽快确诊。

### 2. 确诊后措施

（1）确诊为重大疫情以后，对发病羊场进行全面封锁和消毒。

（2）在有关部门的帮助下，划定疫区，采取严格的隔离封锁措施。

（3）对发病羊要专人专室管理。

（4）没有发病的羊群应进行紧急预防接种，或用抗生素及磺胺类药物预防（图1-1-22）。

图1-1-22　进行紧急免疫接种（王戈平提供提供）

### 3. 封锁与解除

（1）发病羊场必须立即停止出售其产品或向外调出种羊，谢绝外人参观。

（2）等患病羊全部治愈或全部处理完毕，经过严格消毒后2周，再无疫情出现时，进行彻底消毒2次后方可解除封锁。

### 4. 病羊处置

（1）对传染病患病羊或可疑传染病患病羊，不能恢复正常的应全部淘汰。

（2）如果可以利用者，要在兽医监督下处理。

（3）病死羊，其尸体必须采用深埋或焚烧等方法进行无害化处理，严防扩大传染源。

# 第二节　肉羊场选址和建筑要求

## 一、选址要求

1. 羊场场址应位于法律、法规明确规定的禁养区之外，地势高燥，通风良好，交通便利，水电供应稳定，隔离条件良好。

2. 场址周围 3 千米内无大型化工厂、矿区、皮革加工厂、屠宰场、肉品加工厂和其他畜牧场，场址距离公路干线、城镇、居民区和公众聚会场所 1 千米以上。

3. 禁止在旅游区、自然保护区、水源保护地和环境公害污染严重的地区建场。

4. 场址应位于居民区常年主导风向的下风或侧风向。

## 二、肉羊场的建筑要求

1. 羊舍建筑宜选用有窗或开敞式，檐高不低于 1.5 米。

2. 羊舍内主要通道宽度应不低于 1.0 米。

3. 羊舍围护结构能防止雨雪侵入，能保温隔热，能避免内表面凝结水汽。

4. 羊舍内墙表面应耐消毒液的酸碱腐蚀。

5. 羊舍屋顶应设隔热保温层（图 1-1-23 ~ 图 1-1-25）。

## 三、羊场的隔离措施

隔离措施主要包括空间距离隔离和设置隔离屏障。

### 1. 空间距离隔离

根据生物安全要求的不同，羊场区划分为放牧区、生产区、管理区和生活区，各个功能区之间的间距不少于 50 米。羊舍之间距离不应少于 10 米。

图 1-1-23　国内常见标准肉羊场（李剑提供）　　图 1-1-24　国外常见肉羊场建设要求（乔海生提供）

图 1-1-25  肉羊场建筑结构要求（董泽生提供）

图 1-1-26  自动感应喷雾消毒系统（董泽生提供）

图 1-1-27  正在为过往门口的车辆消毒
（董泽生提供）

**2.隔离屏障**

（1）隔离屏障包括围墙、围栏、防疫壕沟、绿化带等。

（2）羊场应设有围墙或围栏，将羊场从外界环境中明确的划分出来，并起到限制场外人员、动物、车辆等自由进出养殖场的作用。围墙外建立绿化隔离带，场门口设警示标志。

（3）放牧区、生产区、管理区和生活区之间设围墙或建立绿化隔离带。

（4）在远离放牧区和生产区的下风向区建立隔离观察室，四周设隔离带，重点对疑似病畜进行隔离观察。有条件的羊场应建立真正意义上的、各方面都独立运作的隔离区，重点对新进场动物、外出归场的人员、购买的各种原料、周转物品、交通工具等进行全面的消毒和隔离。

#### 四、羊场的消毒

消毒措施是羊场生物安全防护的重要一环，主要分为预防性消毒和紧急消毒。

**1. 预防性消毒**

（1）环境消毒。羊场周围及场内污水池、粪收集池、下水道出口等设施每月应消毒1次。场区大门口应设消毒池，消毒池的长度为4.5米以上、深度20厘米以上，在消毒池上方最好建顶棚，防止日晒雨淋，每半月更换消毒液1次。羊舍周围环境每半月消毒1次。如果为全舍饲养殖，则在羊舍入口处应设长度为1.5米以上、深度为20厘米以上的消毒槽，每半月更换1次消毒液；如果为放牧＋舍饲的养殖方式，则羊舍入口处，可以不设消毒槽。羊舍内每半月消毒1次（图1-1-28～图1-1-29）。

（2）人员消毒。工作人员进入生产区要更换清洁的工作服和鞋、帽；工作服和鞋、帽应定期清洗、更换，清洗后的工作服晒干后应用消毒药剂熏蒸消毒20分钟，工作服不准穿出生产区。工作人员的手用肥皂洗净后浸于消毒液如0.2%柠檬酸、洗必泰或新洁尔灭等溶液内3~5分钟，清水冲洗后抹干，然后穿上生产区的水鞋或其他专用鞋，通过脚踏消毒池或经紫外线照射5~10分钟进入生产区（图1-1-26、图1-1-27，图1-1-30、图1-1-31）。

（3）圈舍消毒。

① 圈舍的全面消毒按羊群排空、清扫、洗净、干燥、消毒、干燥、再消毒顺序进行。

② 在羊群出栏后，圈舍要先用3%~5%氢氧化钠溶液或常规消毒液进行1次喷洒消毒，可加用杀虫剂，以杀灭寄生虫和蚊蝇等。

③ 对排风扇、通风口、天花板、横梁、吊架、墙壁等部位的积垢进行清扫，然后清除所有垫料、粪肥，清除的污物集中处理。

图1-1-28 对清理的羊粪进行消毒处理
（王戈平提供）

图1-1-29 对圈舍周围定期进行消毒
（王戈平提供）

图 1-1-30　人员消毒通道
（董泽生提供）

图 1-1-31　发病时穿上连体防护服
（李剑提供）

④ 经过清扫后，用喷雾器或高压水枪由上到下、由内向外冲洗干净。对较脏的地方，可先进行人工刮除，要注意对角落、缝隙、设施背面的冲洗，做到不留死角。

⑤ 圈舍经彻底洗净干燥，再经过必要的检修维护后即可进行消毒。首先用 2% 氢氧化钠溶液或 5% 甲醛溶液喷洒消毒。24 小时后用高压水枪冲洗，干燥后再用消毒药喷雾消毒 1 次。为了提高消毒效果，一般要求使用 2 种以上不同类型的消毒药进行至少 3 次的消毒（建议消毒顺序：甲醛→氯制剂→复合碘制剂→熏蒸），喷雾消毒要使消毒对象表面至湿润挂水珠。对易于封闭的圈舍，最后一次最好把所有用具放入圈舍再进行密闭熏蒸消毒。熏蒸消毒一般每立方米的圈舍空间，使用福尔马林 42 毫升，高锰酸钾 21 克，水 21 毫升。先将水倒入耐腐蚀的容器内（一般用瓷器），加入高锰酸钾搅拌均匀，再加入福尔马林，人即离开。门窗密闭 24 小时后，打开门窗通风换气 2 天以上，散尽余气后方可使用。喂料器、饮水器、供热及通风设施、笼养圈舍等特殊设备很难彻底清洗和消毒，必须完全剔除残料、粪便、皮屑等有机物，再用压力泵冲洗消毒。更衣间设备也应彻底清洗消毒。在完成所有清洁和消毒步骤后，保持不少于 2 周的空舍时间。羊群进圈前 5~6 天对圈舍的地面、墙壁用 2% 氢氧化钠溶液彻底喷洒。24 小时后用清水冲刷干净再用常规消毒液进行喷雾消毒。

（4）用具及运载工具消毒。出入羊舍的车辆、工具定期进行严格消毒，可采用紫外线照射或消毒药喷洒消毒，然后放入密闭室内用福尔马林熏蒸消毒 30 分钟以上。

（5）带畜消毒。带畜消毒的关键是要选用杀菌（毒）作用强而对羊群无害，同时对塑料、金属器具腐蚀性小的消毒药。常可选用 0.3% 过氧乙酸、0.1% 次氯酸钠、菌毒敌、百毒杀等。

选用高压动力喷雾器或背负式手摇喷雾器，将喷头高举空中，喷嘴向上以画圆圈方式先内后外逐步喷洒，使药液如雾一样缓慢下落。要喷到墙壁、屋顶、地面，以均匀湿润和羊体表稍湿为宜，不得对羊直喷，雾粒直径应控制在80~120微米，同时与通风换气措施配合起来。

### 2. 紧急消毒

紧急消毒是在羊群发生传染病或受到传染病的威胁时采取的预防措施，具体方法是应首先对圈舍内外消毒后再进行清理和清洗。将羊舍内的污物、粪便、垫料、剩料等各种污物清理干净，并作无害化处理。所有病死羊只、被扑杀的羊只及其产品、排泄物以及被污染或可能被污染的垫料、饲料和其他物品应当进行无害化处理。无害化处理可以选择深埋、焚烧等方法，饲料、粪便也可以堆积密封发酵或焚烧处理。羊舍墙壁、地面、笼具，特别是屋顶木架等，用消毒液进行地面和墙壁喷雾或喷洒消毒。对金属笼具等设备可采取火焰消毒。对所有可能被污染的运输车辆、道路应严格消毒，车辆内外所有角落和缝隙都要用消毒液消毒后再用清水冲洗，不留死角。车辆上的物品也要做好消毒。参加疫病防控的各类工作人员，包括穿戴的工作服、鞋、帽及携带的器械等都应进行严格的消毒，消毒方法可采用消毒液浸泡、喷洒、洗涤等。消毒过程中所产生的污水应作无害化处理。

### 3. 消毒药物选择

羊场根据生产实践，结合羊场防控其它动物疫病的需要，选择使用。常用消毒药的使用范围及方法如下。

（1）氢氧化钠（烧碱、火碱、苛性钠）。对细菌和病毒均有强大杀灭力，对细菌芽孢、寄生虫卵也有杀灭作用。常用2%~3%溶液来消毒出入口、运输用具、料槽等。但对金属、油漆物品均有腐蚀性，用清水冲洗后方可使用。

（2）石灰乳。先用生石灰与水按1:1比例制成熟石灰后再用水配成10%~20%的混悬液用于消毒，对大多数繁殖型病菌有效，但对芽孢无效。可涂刷圈舍墙壁、畜栏和地面消毒。应该注意的是单纯生石灰没有消毒作用，放置时间长从空气中吸收二氧化碳变成碳酸钙则消毒作用失效。

（3）过氧乙酸。市场出售的为20%溶液，有效期半年，杀菌作用快而强，对细菌、病毒、霉菌和芽孢均有效。现配现用，常用0.3%~0.5%浓度作喷洒消毒。

（4）次氯酸钠。用0.1%的浓度带畜禽消毒，常用0.3%浓度作羊舍和器具消毒。宜现配现用。

（5）漂白粉。含有效氯25%~30%，用5%~20%混悬液对厩舍、饲槽、车辆等喷洒消毒，也可用干粉末撒地。对饮水消毒时，每100千克水加1克漂白粉，30分钟后即可饮用。

（6）强力消毒灵。是目前最新、效果最好的杀毒火菌药。强力、广谱、速效，对人畜无害、无刺激性与腐蚀性，可带畜禽消毒。只需1‰的浓度，便可以在2分钟内杀灭所有致病菌和支原体，用0.05%~0.1%浓度在5~10分钟内可将病毒和支原体杀灭。

（7）新洁尔灭。以0.1%浓度消毒手，或浸泡5分钟消毒皮肤、手术器械等用具。0.01%~0.05%溶液用于黏膜（子宫、膀胱等）及深部伤口的冲洗。忌与肥皂、碘、高锰酸钾、碱等配合使用。

（8）百毒杀。配制成0.3‰或相应的浓度，用于圈舍、环境、用具的消毒。本品低浓度杀菌，持续7天杀菌效力，是一种较好的双链季铵盐类广谱杀菌消毒剂，无色、无味、无刺激和无腐蚀性。

（9）粗制的福尔马林。为含37%~40%甲醛的水溶液，有广谱杀菌作用，对细菌、真菌、病毒和芽孢等均有效，在有机物存在的情况下也是一种良好消毒剂；缺点是具有刺激性气味，对羊群和人影响较大。常以2%~5%的水溶液喷洒墙壁、羊舍地面、料槽及用具消毒；也用于羊舍熏蒸消毒，按每立方米空间用福尔马林30毫升，加高锰酸钾15克，室温不低于15℃，相对湿度70%，关好所有门窗，密封熏蒸12~24小时。消毒完毕后打开门窗，除去气味即可。

**4.消毒注意事项**

（1）羊场环境卫生消毒。在生产过程中保持内外环境的清洁非常重要，清洁是发挥良好消毒作用的基础。羊场场区要求无杂草、垃圾；场区净、污道分开；道路硬化，两旁有排水沟；沟底硬化，不积水；排水方向从清洁区流向污染区。

（2）熏蒸消毒圈舍时，舍内温度保持在18~28℃，空气中的相对湿度达到70%以上才能很好地起到消毒作用。盛装药品的容器应耐热、耐腐蚀，容积应不小于福尔马林和水总容积的3倍，以免福尔马林沸腾时溢出使人灼伤。

（3）根据不同消毒药物的消毒作用、特性、成分、原理、使用方法及消毒对象、目的、疫病种类，选用两种或两种以上的消毒剂交替使用，但更换频率不宜太高，以防相互间产生化学反应，影响消毒效果。

（4）消毒操作人员要佩戴防护用品，以免消毒药物刺激眼、手、皮肤及黏膜等。同时也应注意避免消毒药物伤害动物及污染物品。

（5）消毒剂稀释后稳定性变差，不宜久存，应现用现配，一次用完。配制消毒药液应选择杂质较少的深井水或自来水。寒冷季节水温要高一些，以防水分蒸发引起家畜受凉而患病；炎热季节水温要低一些并选在气温最高时，以便消毒同时起到防暑降温的作用。喷雾用药物的浓度要均匀，对不易溶于水的药应充分搅拌使其溶解。

（6）生产区门口及各圈舍前消毒池内药液都应定期更换。

### 五、人员管理

#### 1. 人员行为规范

（1）进入肉羊场的所有人员，一律先经过门口脚踏消毒池（垫）、消毒液洗手、紫外线照射等消毒措施后方可入内。

（2）所有进入放牧区和生产区的人员按指定通道出入，必须坚持"三踩一更"的消毒制度。即：场区门前消毒池（垫）、更衣室更衣和消毒液洗手、生产区门前消毒池及各动物舍门前消毒池（盆）消毒后方可入内。条件具备时要先沐浴再更衣和消毒才能入内。

（3）外来人员禁止入内，并谢绝参观。若生产或业务必需，经消毒后在接待室等候，借助录像了解情况。若系生产需要（如专家指导）也必须严格按照生产人员入场时的消毒程序消毒后入场。

（4）任何人不准带食物入场，更不能将生肉及含肉制品的食物带入场内，场内职工和食堂均不得从市场采购肉品。

（5）在场技术员不得到其他养殖场进行技术服务。

（6）肉羊场工作人员不得在家自行饲养偶蹄动物。

（7）饲养人员各负其责，一律不准窜区窜舍，不得互相借用工具。

（8）不得使用国家禁止的饲料、饲料添加剂及兽药，严格落实休药期规定。

#### 2. 管理人员职责

（1）负责对员工和日常事务的管理。

（2）组织各环节、各阶段的兽医卫生防疫工作。

（3）监督养殖场生产、卫生防疫等管理制度的实施。

（4）依照兽医卫生法律法规要求，组织淘汰无饲养价值或怀疑患传染病的羊，并进行无害化处理。

#### 3. 技术人员职责

（1）协助管理人员建立肉羊场卫生防疫工作制度。

（2）根据肉羊场的实际情况，制订科学的免疫程序和消毒、检疫、驱虫等工作计划，并参与组织实施。

（3）及时做好免疫、监测工作，如实填写各项记录，并及时做好免疫效果的分析。

（4）发现疫病、异常情况及时报告管理人员，并采取相应预防控制措施。

（5）协助、指导饲养人员和后勤保障人员做好羊群进出、场舍消毒、无害化处理、兽药和生物制品购进及使用、疫病诊治、记录记载等工作。

### 4. 饲养人员职责

（1）认真执行肉羊场饲养管理制度。

（2）经常保持羊舍及环境的干净卫生，做好工具、用具的清洁与保管，做到定时消毒。

（3）仔细观察饲料有无变质，注意观察羊采食和健康状态，排粪有无异常等，发现不正常现象，及时向兽医报告。

（4）协助技术人员做好防疫、隔离等工作。

（5）配合技术人员实施日常监管和抽样。

（6）做好每天生产详细记录，及时汇总，按要求及时向上汇报。

### 5. 后勤保障人员职责

（1）门卫做好进、出人员的记录；定期对大门外消毒池进行清理、更换工作；检查所有进出车辆的卫生状况，认真冲洗并做好消毒。

（2）采购人员做好原料采购，原料要在非疫区进行，原料到场后交付工作人员在专用的隔离区进行消毒。

## 六、物流管理

有效的物流管理可以切断病原微生物的传播，因此肉羊场应切实做好物流管理工作，具体包括：

（1）肉羊场内羊群、物品按照规定的通道和流向流通。

（2）肉羊场应坚持自繁自养，必须从外场引进种羊时，要确认产地为非疫区，引进后隔离饲养 14 天，进行观察、检疫、监测、免疫，确认为健康后方可并群饲养。

（3）圈（舍）实行全进全出制度，出栏后，圈（舍）要严格进行清扫、冲洗和消毒，并空圈 14 天以上方可进畜。

（4）羊群出场时要对羊的免疫情况进行检查并做临床观察，无任何传染病、寄生虫病症状迹象和伤残情况方可出场，严格禁止带病羊出场；运输工具及装载器具经消毒处理，才可带出。

（5）杜绝同外界业务人员的近距离接触，杜绝使用经营商送上门的原料；肉羊场采购人员应向具有生产经营许可证的饲料生产企业采购饲料和饲料添加剂。严禁使用残羹剩饭饲喂羊。

（6）限制采购人员进入放牧区和生产区，购回后交付其他工作人员存放、消毒方可入场使用。

## 七、肉羊场羊主要疫病免疫

### 1. 免疫程序制定的依据

在各个肉羊场，不同用途、不同饲养方式的羊群免疫程序是不可能相同的，要达到免疫程序和实施方案的合理，应根据下列不同情况制定切合实际的程序。

（1）免疫基础。各个不同品种肉羊羊群间的免疫基础，即种羊群的免疫状况决定羔羊的母源抗体的水平，而决定疫苗首次免疫的日龄。

（2）各种不同用途羊品种间的差异。对于种用羊、毛用羊等饲养周期较长的羊群，其免疫程序应综合考虑系统免疫各种疫苗的免疫接种时间，尽可能地在产仔前全部结束。

（3）当地疫病发生状况。本地区内发生疫病的种类、流行情况。常发病、多发病，而且有疫苗可预防的应重点安排。而本地从未发生过的疫病，即使有疫苗，也应慎重使用。

（4）肉羊场的饲养管理水平管理制度。各种防疫措施有力，环境控制得较好的养肉羊场，病原入侵的机会相对减少，即属于相对安全区域；反之管理松散，防疫制度名存实亡，各种疫病常发，则属于多发病区域。这两种不同区域的免疫程序和疫苗种类的选择是根本不同的。

（5）选用疫苗的特点。不同厂家生产的疫苗免疫期及产生免疫力的时间是各不相同的。一般情况下应首先选用毒力弱的疫苗作基础免疫，然后再用毒力稍强的疫苗进行加强免疫（图1-1-32，图1-1-33）。

（6）免疫检测。为使免疫更合理、更科学化，并通过实际的免疫效果检验免疫程序，应考虑建立免疫监测制度，根据免疫监测结果及时修正免疫程序，使羊体免疫更科学、更合理。

### 2. 肉羊场疫病免疫程序（表1-1-1）

（1）肉羊场主要免疫的疫病。

羊快疫－猝狙－羔羊痢疾－肠毒血症：此为四联苗，均为梭菌性疫病，加上羊黑疫为五联苗。应在每年的春季（2—3月）和秋季（9—10月），用四联苗或五联苗各免疫1次。免疫时，成年羊和羔羊一律肌注或皮下注射5毫升，注射后14天产生免疫力，免疫期为1年。

表 1-1-1　肉羊场免疫程序（推荐）

| 类别 | 免疫时间 | 选择疫苗 |
| --- | --- | --- |
| 羔羊 | 2—3 月龄 | 小反刍兽疫疫苗 |
| 经产母羊 | 配种前 1 个月 | 布氏杆菌病疫苗 |
| | | 选择其他羊流产衣原体疫苗等 |
| | 产前 30 天 | 破伤风类毒素疫苗 |
| | 产前 20—30 天 | 羔羊痢疾疫苗 |
| 全群羊只 | 2—3 月 | 羊三联四防疫苗 |
| | 3—4 月 | 羊口疮疫苗 |
| | | 羊链球菌疫苗 |
| | 9 月 | 羊三联四防疫苗 |
| | | 羊链球菌疫苗 |
| | 每间隔 6 个月 | 口蹄疫疫苗 |
| | 每年定期 | 传染性胸膜肺炎疫苗 |

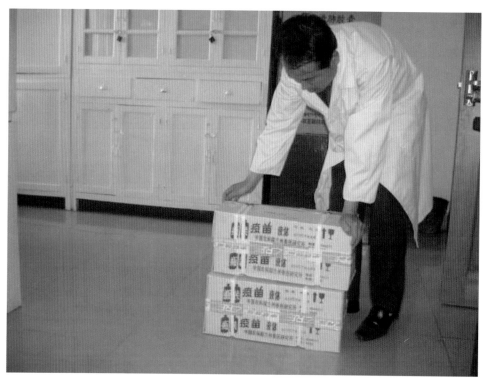

图 1-1-32　必须从正规渠道采购疫苗
（王戈平提供）

图 1-1-33 牛羊疫苗注射栏
（李呈明提供）

传染性胸膜肺炎：每年用山羊传染性胸膜肺炎氢氧化铝菌苗预防 1 次。对 6 月龄以上羊用 5 毫升，6 月龄以下羔羊用 3 毫升，皮下或肌肉注射，免疫后 14~21 天产生免疫力，免疫期为 1 年。

羊口蹄疫：每年要定期注射相应型的口蹄疫疫苗，口蹄疫疫苗注射后 14 天产生免疫力，免疫期 4~6 个月。种公羊、后备母羊每年接种疫苗 2 次，每间隔 6 个月免疫 1 次，每次肌注单价苗 1.5 毫升；生产母羊每年的 3 月、8 月各免疫 1 次，肌注 1.5 毫升 / 次。

羊小反刍兽疫：每年要定期注射小反刍兽疫疫苗，小反刍兽疫弱毒苗注射后 14 天产生免疫力，免疫持续期可达 36 个月。羊群应在每年春、秋季进行集中免疫，颈部皮下注射 1 毫升。

布氏杆菌病：采用布氏杆菌羊型 5 号苗，臀部肌肉注射 1 毫升 / 次，免疫期 1 年。抗体阳性羊、3 个月以下羔羊、怀孕羊均不能注射，种用羊不免疫。

破伤风：在初产怀孕母羊产羔前 1~2 个月免疫，采用破伤风疫苗（破伤风类毒素）羊颈部皮下注射 0.5 毫升，1 个月后产生免疫力，免疫期 1 年，第 2 年再注射 1 次，免疫期可持续 4 年。

（2）根据以往疫情选择免疫的疫病。

羊炭疽：周围地区是炭疽疫区，受威胁时，每年用 Ⅱ 号炭疽芽孢苗在春季免疫 1 次。切记山羊不能用一般的无毒炭疽芽孢苗，使用 Ⅱ 号炭疽芽孢苗时，在大、小羊股内侧或尾部皮内注射 0.2 毫升，免疫期 1 年，无不良反应。

羊链球菌病：对怀疑有此病的羊，可在每年春季或秋季，用羊链球菌氢氧化铝疫苗，背部皮下注射。6月龄以下每只3毫升，6月龄以上每只5毫升，免疫期为6个月。

羊大肠杆菌病：主要用于预防羔羊大肠杆菌病。一般采用大肠杆菌灭活苗，皮下注射，3月龄以下的羔羊每只注射0.5~1毫升，3月龄以上的羔羊每只注射2毫升。注射疫苗后14天产生免疫力，免疫期6个月。

羊伪狂犬病：如本地区猪有伪狂犬病发生，可用牛、羊伪狂犬病灭活苗免疫，无疫情的羊场切忌使用伪狂犬弱毒苗。成年山羊5毫升，羔羊3毫升皮下注射，免疫期为6个月，每年需预防2次。

羊痘：如有疫情，用羊痘弱毒冻干苗，不论羊只大小均于腋下或尾内侧或腹下，皮内注射0.5毫升，6天后产生免疫力，免疫期1年，以后在每年秋季免疫1次，免疫后一般无不良反应，有些羊只注射后5~8天在注射局部有小的硬节肿块，不需处理，会逐渐消失。

羊口疮：如发生过羊口疮，则需对健康羊用羊口疮弱毒细胞冻干苗，采取羊口腔黏膜内注射法注射0.2毫升进行免疫。具体操作：用左手拇指与食指固定好羊的上（下）口唇，将其绷紧，向上（下）顶，使上（下）唇稍突起，立即向黏膜内注射0.2毫升疫苗。注射是否正确应以注射处呈透亮的水泡为准，一般无不良反应，免疫期为5个月。根据情况1年应注射1~2次（春季在3月，秋季在9月）。

## 八、药物预防措施

药物预防疾病是养羊生产的一项重要工作，它可以为羊群的健康成长打造安全的屏障。将安全而价廉的药物加入饲料或饮水中进行群体药物预防。常用的保健药物有磺胺类药物、抗生素和硝基呋喃类药物，此类药物大多均可混入饮水或拌入饲料口服。但须注意的是长期使用化学药物预防容易产生耐药菌株，影响药物治疗效果，故此要经常进行药敏试验，以选择高度敏感性的药物，提高预防和治疗效果。磺胺类药：一般占饲料或饮水的比例为预防量是0.1%~0.2%，治疗量0.2%~0.5%，连用5~7天。四环素族抗生素：一般占饲料或饮水的比例为预防量是0.01%~0.02%，治疗量0.03%~0.04%，连用5~7天。

## 九、定期驱虫方案（表1-1-2）

坚持定期驱虫，加强寄生虫病的防治。在羊的寄生虫病发病季节到来之前，用药物给羊群进行预防性驱虫。一般在每年3月、6月、9月、12月各进行1次全群驱虫，驱虫药物根据本地寄生虫流行情况进行选择。并使用广谱、高效、低毒、价廉的驱虫药物，如抗蠕敏（丙硫咪唑）药，以每千克体重15毫克进行驱虫，驱除胃肠道线虫、莫尼茨和曲子宫绦虫、肺丝虫及羊的肝片吸虫的危害；硫双二氧酚可驱除瘤胃内的吸虫及盲肠内的平腹吸虫；灭虫丁（阿维菌素、虫克星），不但可以防治体外寄生虫螨、虱、蜱、蝇等，而且还可以杀死羊体内线虫。在养羊生产实践中通常在每年春季和秋季要给羊药浴 2 次。第一次是在 5 月剪羊毛后 10 天进行。第二次是在 8 月进行。常用的药浴液有 0.1％ 杀螨灵、0.3％ 灭虱精或 0.5％ 精制敌百虫溶液。药浴可用药浴池、喷雾器等进行。

表 1-1-2　肉羊场驱虫程序（推荐）

| 驱虫时间 | 药物选择 | 驱虫种类 | 剂量 |
|---|---|---|---|
| 2 月底至 3 月底 | 丙硫咪唑 | 胃肠线虫、绦虫、肝片吸虫 | 15 毫克 / 千克 |
| 5 月中旬 | 除虫菊酯类药物 | 外寄生虫 | 0.3％ |
| 9 月配种前 | 丙硫咪唑 | 绦虫、肝片吸虫 | 15 毫克 / 千克 |
| | 伊维菌素 | 螨虫 | |
| 11—12 月 | 丙硫咪唑 | 肠道线虫、绦虫、肝片吸虫 | 10 毫克 / 千克 |
| 定期 | 吡喹酮 | 脑包虫 | 40~80 毫克 / 千克 |

注：对于流行严重的肉羊场每年两次丙硫咪唑驱虫，吡喹酮的使用也仅限于脑包虫流行肉羊场

### 十、粪便污水及病死肉羊的处理措施

粪便采用生物消毒法，即在离羊舍 200 米以外的地方把粪便堆积起来，上面覆盖塑料薄膜发酵 1 个月后即可。污水应引入污水处理池，加入漂白粉或生石灰进行消毒。

目前，病羊尸体多采用掩埋法处理，应选择离肉羊场 100 米之外的无人区，找土质干燥、地势高、地下水位低的地方挖坑，坑底部撒上生石灰，再放入尸体，放 1 层尸体撒 1 层生石灰，最后填土夯实（图 1-1-34 ~ 图 1-1-38）。

图 1-1-34　在翻拌的同时加入发酵菌剂
（蔡其刚提供）

图 1-1-35　在翻拌的同时加入白石灰粉
（王戈平提供）

图1-1-36　在翻拌后盖上塑料薄膜
（蔡其刚提供）

图1-1-37　病死羊的尸体也可用于
沼气生产（蔡其刚提供）

图1-1-38　经无害化处理后的尸体用于有机肥料的发酵（马利青提供）

（中国农业科学院兰州兽医研究所　丛国正供稿）

# 第二章

# 常见普通病

## 第一节　产科类疾病

### 一、散发性流产

#### 1.病因

（1）散发性流产的原因非常复杂，可归纳为下列 3 类。

① 由于生殖器官及胎儿异常：患有妨碍子宫发育及伸展的疾病，如子宫瘢痕及子宫与腹膜黏连等；胎盘出血或脐带捻转；胎儿畸形。

② 由于母体生理异常：母体营养不足，此时母体为维持其生命而发生流产，例如长时间绝食或长期饥饿；疾病，如下痢及化学性中毒，在发生气胀病时，由于血液中二氧化碳的大量积聚可导致流产的发生。发生传染病时，常因高热而诱发阵痛，亦可引起流产。

③ 由于外界作用的影响：流产中最大的原因是由于日常饲养管理不当而引起。机械力量使胎盘脱离，如羊自己滑跌、受其他羊只抵撞或羊腹部受到踢打，以及羊只经过狭窄的通路而使腹部受到强度挤压等；妊娠后期运动过度；饲料中缺乏维生素 A，或其他营养物质，缺乏维生素 A 的母羊所产羔羊的体质一般是比较弱的，有时为死胎；吃发霉、冰冻饲料，或受骤风暴雨的侵袭都可发生刺激作用，引起子宫收缩而流产；饮用冷水，胃肠空虚时，如饮用过多冷水，可使下腹部血管收缩，以致血行异常而发生流产；精神刺激，受到外界惊吓，或过分的兴奋后均可反射性的引起子宫收缩，使血管缩小，导致血液循环障碍而引发流产；药物作用，妊娠后期若给予峻泻剂，亦可引起流产。

临床常见流产病例详见图 1-2-1~图 1-2-8 所示。

图 1-2-1　不同原因引起的流产病例（胡 蓉提供）

图 1-2-2　不同原因引起的流产病例（胡 蓉提供）

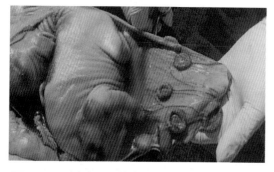

图 1-2-3　流产后母羊胎盘子叶出血（胡 蓉提供）

图 1-2-4　流产后母羊胎盘子叶坏死（胡 蓉提供）

图 1-2-5　脐带缠绕后引起的流产（胡 蓉提供）

图 1-2-6　流产后的畸形胎儿（马延芳提供）

图 1-2-7　流产后仍然健在的畸形胎儿
（马延芳提供）

图 1-2-8　患腐蹄病后引起的早产
（宋永武提供）

**2. 症状**

（1）流产通常在胎儿死亡后 3 日以内发生，其症状因怀孕期的长短而异。

（2）怀孕初期流产者，胎儿及胎盘尚小，与子宫黏膜结合较松，故经过迅速，每次都在饲养员不知不觉中以流产告终。

① 怀孕越到后期，则症状越近似正常分娩。故发生于怀孕后半期时，可以偶然见到乳房膨大，乳头充血。若在泌乳期，则泌乳量骤减，乳汁呈初乳状态。

② 食欲、反刍、体温及脉搏等虽无多大异常，而举动不安，则为流产象征，随后阴户流血，有丝状黏液自阴户下悬，最后胎儿与胎衣先后排出。

（3）胎儿成熟期发生此病时，可见到母羊食欲减退、不安静、常努责，阴户流出血色黏液，时间过长可使体温增高，精神萎靡。

（4）此种情况下，必须实行助产手术，如果未将死胎排出，即会发生胎儿浸润分解、腐败分解或木乃尸化等现象。

（5）收缩力不足，子宫口开张不全，致胎儿不能产出，即发生难产。

不同时期流产病例发生如图 1-2-9、图 1-2-10 所示。

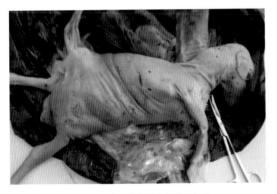

图 1-2-9　妊娠中期的流产
（马延芳提供）

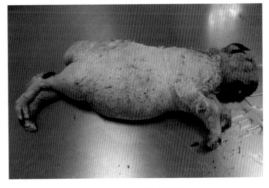

图 1-2-10　妊娠后期的流产
（马延芳提供）

**3. 预防**

（1）防止妊娠羊抵斗、剧烈运动或摔倒，不应大声吆喝而使妊娠羊受到惊吓。

（2）不应给妊娠羊饲喂霉变等不良饲料和饮给冰水，亦不要让妊娠羊吃到积雪。

（3）变更饲养管理时，应该逐渐改变，不可过于突然，以免由于不习惯而忽然显出有害作用。

（4）为了避免由于拥挤而发生流产，应准备足够的饲槽，把饲料均匀地放在槽底。

（5）放牧妊娠羊时，必须缓慢，以免因过度疲劳而破坏母体和胎儿之间的气体交换，以致引起流产。

图 1-2-11 和图 1-2-12 所示为勿让妊娠母羊饮用冰冻水或吃到过多的积雪。

图 1-2-11 不能让妊娠母羊饮用冰
冻水（马延芳提供）

图 1-2-12 不能让妊娠母羊吃到过
多的积雪（马延芳提供）

### 4. 治疗

（1）在发现前述症状时，可试用以下各种摄生疗养。

① 当出现阴户流出血液，或黏液等流产前驱症状时，应将羊只隔离于另一室中，令其自由行动，尽量使其舒适。

② 胎羊下落所需时间较正常生产长久，胎衣往往停滞不下，待胎衣落地后，应特别注意饲养管理。

③ 流产的羊不可于短期内再行交配，须细心调养，待其健康完全恢复后，再行配种。否则，由于母羊身体大受耗损，有再次发生流产的可能。

（2）如果起因于抵斗，可用加温后（30℃左右）1% 的明矾溶液，注入子宫；如果胎儿已发生干尸化，为了排出胎儿，可肌肉注射已烯雌酚 2~3 毫克。或皮下注射妊娠羊（6~8 个月）的新鲜尿 25.0~30.0 毫升，通常在注射后 2~4 天，胎儿即被排出。

（青海省畜牧兽医科学院 胡 蓉供稿）

## 二、生产瘫痪

生产瘫痪又称乳热病，或低钙血症，是急性且严重的神经疾病。其特征为咽、舌、肠道和四肢发生瘫痪，失去知觉。山羊和绵羊均可患病，但以山羊比较多见。尤其在 2~4 胎的高产奶山羊，几乎每次分娩以后都重复发病。

此病主要见于成年母羊，发生于产前，或产后数日内，偶尔见于怀孕的其他时期。病的性质与乳牛的乳热病非常类似。

其母羊产后症状详见图 1-2-13 和图 1-2-14。

图1-2-13 产后2~3天，母羊站立不
起（宋永武提供）

图1-2-14 在人工辅助条件下，也
很难站立（宋永武提供）

### 1. 病因

舍饲、产乳量高以及怀孕末期营养良好的羊只，如果饲料营养过于丰富，都可成为发病的诱因。据测定，病羊血液中的糖分及含钙量均降低，但原因还不十分明了。可能是因为大量钙质随着初乳排出，或者是因为初乳含钙量太高。其原因是降钙素抑制了副甲状腺素的骨溶解作用，以致调节过程不能适应，而变为低钙状态，引起发病。在正常情况下，骨和牙齿的含钙量最丰富，少量钙存在于血液和其他组织中。钙的作用是激发肌肉的收缩。如果血钙下降，其刺激肌肉运动的功能便降低，甚至停止。

非泌乳的山羊，钙从食物中吸收入血，除了维持血液正常钙水平以外，在维生素D和降钙素的作用下，将剩余的钙转运到骨骼内贮存。当需要钙的时候，在甲状旁腺素的作用下，再从骨骼释放到血液内，问题是母羊在产羔前后奶中的含钙量高。当钙的需要突然增多时，虽然饲料中含有适量的钙，但经肠道能吸收者很少，这就不得不将骨中的钙再还回血液。

一般认为生产瘫痪是由于神经系统过度紧张（抑制或衰竭）而发生的一种疾病，尤其是由于大脑皮层接受冲动的感受器过分紧张，造成调节力降低。这里所说的冲动是指来自生殖器官，以及其他直接或间接参与分娩过程的内脏器官的气压感受器及化学感受器。

### 2. 病的发生

低钙血的含意仅指羊血中含钙量低，并不意味着母羊体内缺钙，因为骨骼中含钙很丰富。它只是说明由于复杂的调控机制失常，导致血钙暂时性下降。在产羔母羊，每日要产奶2~3千克，而奶中钙含量高，就使血钙量发生转移性损失，导致血钙暂时性下降到正常水平的一半左右，一般从2.48毫摩尔/升下降到0.94毫摩尔/升。

### 3. 症状

最初症状通常出现于分娩之后，少数的病例，见于妊娠末期和分娩过程。由于钙的作用是维持肌肉的紧张性，故在低钙血情况下病羊总的表现为衰弱无力。病初全身抑郁，食欲减少，反刍停止，后肢软弱，步态不稳，甚至摇摆。有的绵羊弯背低头，蹒跚走动。由于发生战栗和不能安静休息，呼吸常见加快。这些初期症状维持的时间通常很短，管理人员往往注意不到。此后羊站立不稳，在企图走动时跌倒。有的羊倒地后起立很困难。有的不能起立，头向前直伸，不吃，停止排粪和排尿。皮肤对针刺的反应很弱。

产弱胎、死胎及生产后瘫痪的母羊分别见图 1-2-15 和图 1-2-16。

图 1-2-15　产弱胎、死胎　　　　　图 1-2-16　生产瘫痪后母羊站立不
（马延芳提供）　　　　　　　　　起（胡蓉提供）

少数羊知觉完全丧失，发生极明显的麻痹症状。舌头从半开的口中垂出，咽喉麻痹。针刺皮肤无反应。脉搏先慢而弱，以后变快，勉强可以摸到。呼吸深而慢。病的后期常常用嘴呼吸，唾液随着呼气吹出，或从鼻孔流出食物。

病羊常呈侧卧姿势，四肢伸直，头弯于胸部，体温逐渐下降，有时降至36℃。皮肤、耳朵和角根冰冷，很像将死状态。

有些病羊往往死于没有明显症状的情况下，例如有的绵羊在晚上表现健康，而次晨却见死亡。

### 4. 诊断

尸体剖检时，看不到任何特殊病变，唯一精确的诊断方法是分析血液样品。但由于病程很短，必须根据临床症状的观察进行诊断。

乳房通风及注射钙剂效果显著，亦可作为本病的诊断依据。

### 5. 预防

根据钙在体内的动态生化变化，在实践中应考虑饲料成分的配合，以预防本病的发生。

假使在产羔之前饲喂高钙日粮，其调控机制就会转向调节这种高钙摄入现象，不但将一定量的钙输送到骨中，而且还会减少肠道对钙盐的吸收。这种机制于产羔后发生，就会导致血液来不及改变其调控机制，加上乳中也会排出钙，从而导致低钙血症的发生。

相反，如果在产前 1 周饲喂以高磷低钙饲料，羊的代谢就会倾向于纠正这种突然变化现象。在此情况下，由于从骨中能动用钙补充血钙，就可避免发生低钙血症。

所以在产前对羊提供一种理想的低钙日粮乃是很重要的预防措施。

对于发病较多的羊群，应在此基础上，采取综合预防措施。

在整个怀孕期间都应饲喂给富含矿物质的饲料。单纯饲喂富含钙质的混合精料，似乎没有预防效果，假若同时给予维生素 D，则效果较好。

产前应保持适当运动。但不可运动过度，因为过度疲劳反而容易引起发病。

在分娩前和产后 1 周内，每天给予蔗糖 15~20 克。

### 6. 治疗

静脉或肌肉注射 10% 葡萄糖酸钙 50~100 毫升，或者应用下列处方：5% 氯化钙 60~80 毫升，10% 葡萄糖 120~140 毫升，10% 安钠咖 5 毫升混合，一次静脉注射。

采用乳房送风法，疗效很好。为此可以利用乳房送风器送风。没有乳房送风器时，可以用自行车的打气管代替。

送风步骤如下：

使羊稍呈仰卧姿势，挤出少量乳汁。

用酒精棉球擦净乳头，尤其是乳头孔。然后将煮沸消毒过的导管插入乳头中，通过导管打入空气，直到乳房中充满空气为止。用手指叩击乳房皮肤时有鼓响音者，为充满空气的标志。在乳房的两半叶中都要注入空气。

为了避免送入的空气外逸，在取出导管时，应用手指捏紧乳头，并用纱布绷带轻轻地扎住每一个乳头的基部。经过 25~30 分钟将绷带取掉。

将空气注入乳房各叶以后，小心按摩乳房数分钟。然后使羊四肢蜷曲伏卧，并用草束摩擦臀部、腰部和胸部，最后盖上麻袋或布块保温。

注入空气以后，可根据情况考虑注射 50% 葡萄糖溶液 100 毫升。

如果注入空气后 6 小时情况并不改善，应再重复做乳房送风。

（青海省畜牧兽医科学院 胡蓉供稿）

### 三、破腹产术

#### 1. 剖腹产术

是在发生难产时，切开腹壁及子宫壁而从切口取出胎儿的手术。必要时，山羊和绵羊均可施行此术。如果母羊全身情况良好，手术及时，则有可能同时救活母羊和胎儿。

#### 2. 适应症

（1）无法纠正的子宫扭转。

（2）子宫颈管狭窄或闭锁。

（3）产道内有妨碍截胎的赘瘤或骨盆因骨折而变形。

（4）亦可用于骨盆狭窄（手无法伸入）及胎位异常等情况。

（5）胎水过多，危及母羊生命，而采用人工流产无效时。

**3. 禁忌**

（1）有腹膜炎、子宫炎和子宫内有腐败胎儿时。

（2）母羊因为难产时间长久而十分衰竭时。

**4. 预后**

绵羊的预后比山羊好。手术进行越早，预后越好。

**5. 术前准备工作**

（1）术部准备。在右肷部手术区域（由髋结节到肋骨弓处）剪毛、剃光，然后用温肥皂水洗净擦干。

（2）保定消毒。使羊卧于左侧保定，用碘酒消毒皮肤，然后盖上手术巾（洞巾），准备施行手术。

（3）麻醉。可以采用合并麻醉或电针麻醉。合并麻醉是口服酒精作全麻，同时对术区进行局麻。口服的酒精应稀释成40%，每10千克体重按35~40毫升计算（也可用白酒，用量相同）。局麻是用0.5%的普鲁卡因沿切口作浸润麻醉，用量根据需要而定。

（4）电针麻醉。取穴百会及六脉。百会接阳极，六脉接阴极。诱导时间为20~40分钟。针感表现是腰臀肌颤动，肋间肌收缩。图1-2-17为剪毛消毒的部位。

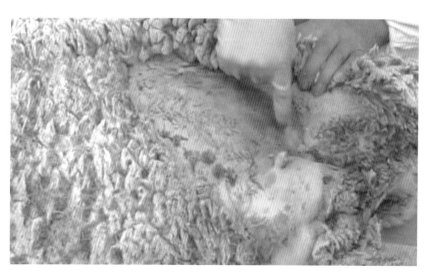

图1-2-17　剪毛消毒的部位（马利青提供）

**6. 手术方法和步骤**

（1）在右腹壁上作切口。沿腹内斜肌纤维的方向切开腹壁。切口应距离髋结节 10~12 厘米。

（2）扩张切口。将腹肌与腹膜用几根长线拉住。手术操作详见图 1-2-18。

（3）切开子宫。术者将手伸入腹腔，转动子宫，使孕角的大弯靠近腹壁切口。然后切开子宫角，并用剪刀扩大切口长度。切开子宫角时，应特别注意，不可损伤子叶和到子叶区的大血管。为了确定子叶的位置，在切开子宫时，要始终用手指伸入子宫来触诊子叶。对于出血很多的大血管，要用肠线缝合或结扎。

图 1-2-19 为子宫切开术操作图。

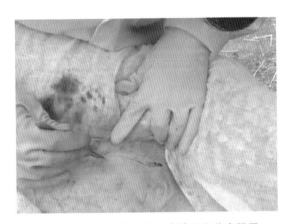

图 1-2-18 麻醉，切开皮肤及及分离肌层
（马利青提供）

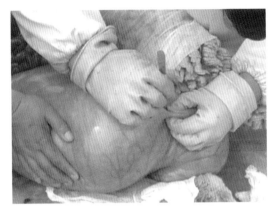

图 1-2-19 拉出子宫角，切开子宫
（马利青提供）

（4）吸出胎水。在术部铺一层消毒的手术巾，用钳子夹住胎膜，在上面做一个很小的切口，使腹壁切口扩大，然后插入橡皮管，通过橡皮管用像皮球或大注射器吸出羊水和尿水。

（5）取出胎儿。吸完胎水以后，助手用手指扩大胎膜上的切口，将手伸入羊膜腔内，设法抓住胎儿后肢，以后肢前置的状态拉出胎儿，绝不可让头部前置，因为这样不容易拉出，而且常常会使切口的边缘发生损伤，甚至造成裂伤。对于拉出的胎儿，首先要除去口、鼻内的黏液，擦干皮肤。看到几次深吸气以后，再结扎和剪断脐带。假如没有呼吸反射，应该在结扎以前用手指压迫脐带，直到脐带的脉搏停止为止。此法配合按压胸部和摩擦皮肤，通常可以引起吸气。在出现吸气之后，剪断脐带，交给其他助手进行处理。

（6）剥离胎衣。在取出胎儿以后，应进行胎衣剥离。剥离往往需要很长时间，颇为麻烦。但与胎衣留在子宫内所引起的不良后果相比，这是非常必要的操作。为了便于剥离胎衣，在拉出胎儿的同时，应静脉注射垂体素或皮下注射麦角碱。如果在子宫腔内注满5%~10%的氯化钠溶液，停留1~2分钟，亦有利于胎衣的剥离。最后将注射的液体用橡皮管排出。

（7）冲洗子宫。剥完胎衣后，用生理盐水将子宫切口的周围充分洗擦干净。如果切口边缘受到损伤，应切去损伤部，使其成为新伤口。剖腹产手术操作要点详见图1-2-20~图1-2-23。

图1-2-20 取出胎儿
（马利青提供）

图1-2-21 胎儿健活擦拭口腔、断脐（马利青提供）

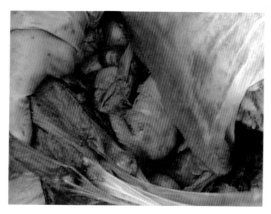

图1-2-22 仔细剥离胎衣，不可损伤胎盘和子叶（马利青提供）

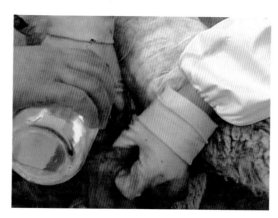

图1-2-23 用生理盐水等冲洗子宫
（马利青提供）

（8）逐层缝合切口，缝合子宫壁。只缝合浆膜及肌肉层；黏膜再生力强，不一定要缝合。缝合用肠线进行两次，第一次用连续缝合或内翻缝合（若子宫水肿剧烈，组织容易撕破时，不可用连续缝合），第二次用内翻缝合，将第一次缝合全部掩埋起来。在缝合将完时，可通过伤口的未缝合部分注入青霉素 20 万 ~40 万国际单位。如果子宫弛缓，在缝合之后可拉过来 1 片网膜，缝在子宫伤口的周围。缝合腹膜及腹肌：用肠线进行连续缝合。如果子宫浆膜污红，腹水很多，有弥漫性腹膜炎时，应在缝合完之前给腹腔内注射青霉素。缝合皮肤：用双丝线进行结节缝合。术后的缝合处理操作详见图 1-2-24~图 1-2-26。

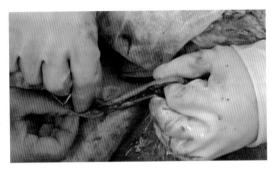

图 1-2-24　逐层缝合子宫
（马利青提供）

图 1-2-25　腹膜、腹肌的缝合及消
炎处理（马利青提供）

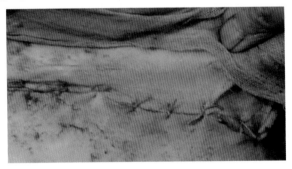

图 1-2-26　皮肤的结节缝合（马利青提供）

（9）给腹壁伤口上盖以胶质绷带。应用于这种绷带的胶质很多，以火棉胶比较方便而且效果良好。在没有火棉胶的情况下，较常应用的是锌明胶。其配方为：白明胶 90 克，氧化锌 30 克，甘油 60 毫升，水 150 毫升，配制时先将氧化锌研成细末，加入甘油中，充分搅和，使成糊状。然后用开水将白明胶溶化，倒入氧化锌糊内，搅匀即成。图 1-2-27 为腹壁伤口的处理及护腹操作。

图 2-1-27　腹壁伤口上绷带结扎，或护腹（马利青提供）

（10）术后护理。① 肌肉注射青霉素，静脉注射葡萄糖盐水。必要时还应注射强心剂。② 保持术部的清洁，防止感染化脓。③ 经常检查病羊全身状况，必要时应施行适当的症状疗法。④ 如果伤口愈合良好，手术 10 天以后即可拆除缝合线。为了防止创口裂开，最好先拆一针留一针，3~4 天后将其余缝线全部拆除。

（青海省畜牧兽医科学院　马利青供稿）

### 四、乳房炎

可分为乳房实质炎与间质炎两大类，此外根据发病原因及病的发展程度又可分成若干种。奶用山羊患乳房炎以后，往往可使奶质变坏，不能饮用。该病引起的损失并不亚于绵羊患皮肤病的情况。有时由于患部循环不好，引起组织坏死，甚至造成羊只死亡。

**1. 病因**

（1）受到细菌感染，主要是因为乳房不清洁引起的感染。山羊一般为链球菌及葡萄球菌，绵羊除这两种球菌外，还有化脓杆菌、大肠杆菌及类巴氏杆菌等。乳用山羊还可以见到结核性乳房炎。此外，无论在山羊或绵羊的乳房中，都可能存在假结核杆菌。这种细菌可使乳房中生成脓疡，损坏乳腺功能。

（2）挤奶技术不熟练，或者挤奶方法不正确。

（3）分娩后挤奶不充分，奶汁积存过多。

（4）由乳房外伤引起，如扩大乳孔时手术不细心。

（5）由于受寒冷贼风的刺激。

（6）因为患感冒、结核、口蹄疫、子宫炎等疾病引起。

**2.症状**

病初奶汁无大变化。严重时，由于高度发炎及浸润，使乳房发肿发热，变为红色或紫红色。用手触摸时，羊只感到痛苦。因此，挤奶困难，即使勉强挤奶，乳量也大为减少。

乳汁呈淡红色或血色，内含小片絮状物，乳房剧烈肿胀，异常疼痛。如果发生坏疽，手摸时必然感到冰凉。由于行走时后肢摩擦乳房而感到疼痛，因此发生跛行或不能行走。病羊食欲不振，头部下垂，精神萎靡，体温增高。

检查乳汁时，可以发现葡萄球菌、化脓杆菌、链球菌及大肠杆菌等，但各种细菌不一定同时存在。如为混合感染，病势更为严重。乳房炎在奶羊群中的发生程度并不亚于奶牛，虽然死亡率不高。但在乳房内形成脓肿时，很容易使乳房损坏一半，甚至全部失去作用。这时虽未完全失去育种价值，但留养已很不经济。

其临床症状详见图1-2-28~图1-2-33。

图1-2-28　乳房炎患羊早期症状
（马利青提供）

图1-2-29　乳房炎引起乳房大面积
的梗死（马利青提供）

图1-2-30　乳房炎患羊的乳头溃疡
（马利青提供）

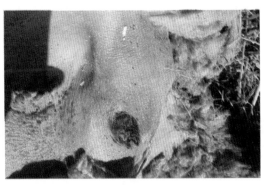

图1-2-31　乳房炎患羊的乳池坏死
（马利青提供）

图 1-2-32　乳房炎母羊拒绝羔羊吃
奶（马利青提供）

图 1-2-33　羔羊跪乳之恩
（马利青提供）

### 3. 预防

一般来说，奶量越高的羊，患乳房炎的机会越多。常见的预防方法有如下几种：

（1）避免乳房中奶汁潴留。绵羊所产的奶，一般只供小羊吃，如果奶量较大，吃不完的奶存留在乳房内，便有降低乳腺抵抗力的倾向（如对损害、寒冷及传染等），故对这种母羊应当随时注意干奶；可经常挤奶或让其他羔羊吃奶，或者减少精料使奶量减低，避免余奶潴留。

（2）虽然希望山羊奶量尽量增加，但应避免乳房中奶汁潴留。要根据奶量高低决定每日挤奶次数及挤奶间隔时间。每次挤奶应力求干净。一般奶羊每日应挤奶 2 次，高产山羊可挤 3~4 次，产奶量特别高的山羊，甚至可以增加到 5~6 次。

（3）经常保持乳房清洁。

（4）经常洗刷羊体（尤其是乳房部），以除去松疏的被毛及污染物。

（5）每次挤奶以前必须洗手，并用开水或漂白粉溶液浸过的布块清洗乳房，然后再用净布擦干。

（6）经常保持羊棚清洁，定时清除粪便及不干净的垫草，供给洁净干燥的垫草。

（7）避免把产奶山羊及哺乳绵羊放于寒冷环境，尤其是在雪雨天气时更要特别注意。

（8）哺育羔羊的绵羊，最好多进行放牧，这样不但可以预防乳房炎，而且可以避免发生其他疾病。

（9）在挤病羊奶时，应另用一个容器，病羊的奶应该毁弃，以免传染。并应经常清洗及消毒容器。

### 4. 治疗

及时隔离病羊，然后进行治疗。治疗方法可分为局部及全身两种。

（1）局部治疗。

① 进行冷敷，并用抗生素消炎：初期红、肿、热、痛剧烈的，每日冷敷 2 次，每次 15~20 分钟。冷敷以后，用 0.25%~0.5% 普鲁卡因 10 毫升，加青霉素 20 万国际单位；分为 3~4 个点，直接注入乳腺组织内。

② 进行乳房冲洗灌注：先挤净坏奶，用消毒生理盐水 50~100 毫升注入乳池，轻轻按摩后挤出，连续冲洗 2~3 次。最后用生理盐水 40~60 毫升溶解青霉素 20 万国际单位。注入乳池，每日 2~3 次。

③ 慢性炎症：用 40~45℃ 热水进行热敷，或用红外线灯照射，每日 2 次，每次 15~20 分钟。然后涂以 10% 樟脑软膏。

④ 出血性乳房炎：禁止按摩，轻轻挤出血奶，用 0.25%~0.5% 普鲁卡因 10 毫升溶解青霉素 20 万国际单位，注入乳房内。如果乳池中积有血凝块，可以通过乳头管注入 1% 的盐水 50 毫升，以溶解血凝块。

⑤ 乳房坏疽：最好进行切除。

（2）全身治疗。

① 为了暂时制止泌乳机能，可行减食法，即减少精料给量；少饲喂多汁饲料，如青贮料、根莱类及青刈饲料；限制饮水。主要饲喂给优质干草，如苜蓿、三叶草及其他豆科牧草。因采取减食疗法，故在病羊食欲减退时，不要设法促进食欲。

② 体温升高时，可灌服磺胺类药物，用量按 0.07 克 / 千克体重计算，4~6 小时 1 次，第一次用量加倍。或者静脉注射磺胺噻唑钠或磺胺嘧啶钠 20~30 毫升，每日 1 次。也可以肌肉注射青霉素，每次 20 万 ~40 万国际单位，每日 2~3 次。

③ 应用硫酸钠 100~120 克，促进毒物排出和体温下降。

④ 如果乳房炎很顽固，长时期治疗无效，而怀疑为特种细菌感染时，可采取奶汁样品，进行细菌检查。在病原确定以后，选用适宜的磺胺类药物或抗生素进行治疗。

⑤ 凡由感冒、结核、口蹄疫、子宫炎等病引起的乳房炎，必须同时治疗这些原发病。

（青海省畜牧兽医科学院 乔海生供稿）


**五、乳头皮肤皲裂**

乳头皮肤皲裂乃是小的溃疡与外伤。乳头皮肤上出现纵横和长短不一（1~10 毫米）的外伤。挤乳时，患羊躁动不安（疼痛），出现不同程度的放乳抑制，造成乳量下降。

**1. 病因**

（1）乳头皮肤表层丧失弹力，尤其是维生素 $B_2$ 缺乏是发生皲裂的基本原因。乳房不洁，乳头湿又遭风吹，或天气炎热，乳头皮肤（缺皮脂腺）变得干燥，弹性减退，可促使皲裂发生。

（2）放牧季节，由于乳房护理不好，不正确挤乳，洗乳房后没擦干，乳头未擦油膏，可造成群发性乳头皲裂。皲裂的皮肤如受到污染，可形成化脓病灶，甚至引起乳房炎。

其临床症状分别见图 1-2-34 和图 1-2-35。

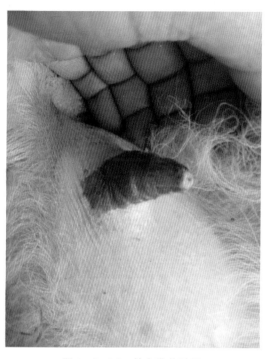
图 1-2-34 单个乳头皲裂
（马利青提供）

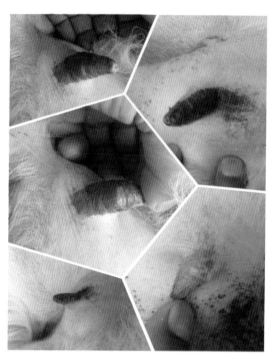
图 1-2-35 乳头皲裂组合图
（马利青提供）

### 2. 治疗

对乳头出现的皲裂，挤乳前要用温水清洗乳头，挤乳后乳头上要涂擦灭菌的中性油、白凡士林油、青霉素软膏、氧化锌软膏或金霉素软膏等柔肤消炎药物。疼痛不安的，可在乳头上擦可卡因或普鲁卡因软膏；乳头上有外伤的，按外科治疗原则加以处理。

（青海省民和县畜牧兽医工作站 原永海供稿）

## 第二节 内科疾病

### 一、瘤胃酸中毒

瘤胃酸中毒，系瘤胃积食的一种特殊类型，又称急性碳水化合物过食、谷物过食、乳酸酸中毒、消化性酸中毒、酸性消化不良以及过食豆谷综合征等。

是因过食了富含碳水化合物的谷物饲料，于瘤胃内发酵产生大量乳酸后引起的急性乳酸中毒病。

#### 1. 病因

（1）饲养人员为了提高产奶量而饲喂过量精料。或者泌乳期精料饲喂量增加过快，羊不适应而发病。

（2）精料和谷物保管不当而被羊大量偷吃。

（3）霉败的玉米、豆类、小麦等人不能食用时，常给羊大量饲喂而引起发病。

（4）肥育羊场开始以大量谷物日粮饲喂肥育羊，而缺乏一个适应期，则常暴发本病。

（5）羊过食谷物饲料后，瘤胃内容物 pH 值和微生物群系改变，首先是产酸的链球菌和乳酸杆菌迅速增加，产生大量乳酸，瘤胃 pH 值下降到 5 甚至更低。

（6）此时瘤胃内渗透压升高，使体液通过瘤胃壁向瘤胃内渗透，致使瘤胃膨胀和机体脱水，另一方面大量乳酸被吸收，致使血液 pH 值下降，引起机体酸中毒。

（7）此外青贮饲料饲喂量过大，未添加碳酸氢钠等，或发生二次发酵后，引起瘤胃内乳酸增高，不仅能引起瘤胃炎，而且有利于霉菌滋生，导致瘤胃壁坏死，并造成瘤胃微生物扩散，损伤肝脏并引起毒血症。

（8）病程稍长的病例，持久的高酸度损伤瘤胃黏膜并引起急性坏死性瘤胃炎，坏死杆菌入侵，经血液转移到肝脏，引起脓肿。

（9）非致死性病例可缓慢地恢复，并推迟重新开始采食。

山羊消化道结构及功能模式图详见图 1-2-36。

#### 2. 症状

一般在大量摄食谷物饲料后 4~8 小时发病，病的发展很快。病羊精神沉郁，食欲和反刍废绝。触诊瘤胃胀软，体温正常或升高，心跳加快，眼球下陷，血液黏稠，尿量减少。

腹泻或排粪很少，有的出现蹄叶炎而跛行。随着病情的发展，病羊极度痛苦、呻吟、

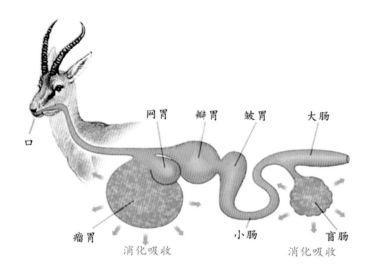

图1-2-36 山羊消化道结构及功能

卧地昏迷而死亡。

急性病例，常于4~6小时内死亡，轻型病例可耐过，如病期延长亦多死亡。

其临床症状详见图1-2-37~图1-2-42。

图1-2-37 瘤胃积食后引起的酸中毒（马利青提供）

图1-2-38 一次摄入的精饲料过多（马利青提供）

图1-2-39 青贮料喂量过大，或发生二次发酵后（马利青提供）

图1-2-40 青贮饲料饲喂量过大，或发生二次发酵后（马利青提供）

### 3. 剖检

两眼下陷，瘤胃内容物为粥状，酸性与恶臭；瘤胃黏膜脱落，有出血变黑区；皱胃黏膜出血；心肌扩张柔软；肝轻度瘀血，质地稍脆，病期长者有坏死灶。

剖检瘤胃内容物症状详见图1-2-42。

图1-2-41　酸中毒后未及时治疗引起神经症状
（马利青提供）

图1-2-42　瘤胃中含有大量未消化的饲草料
（马利青提供）

### 4. 诊断

依据过食谷物的病史及临床表现即可确诊。必要时可抽取瘤胃液，测定pH值，pH值通常为4左右。

### 5. 预防

避免羊过食谷物饲料的各种机会，肥育场的羊或泌乳的奶羊增加精料要缓慢进行，一般应给予7~10天的适应期。已过食谷物后，可在食后4~6小时内灌服土霉素0.3~0.4克或青霉素50万国际单位，可抑制产酸菌，有一定的预防效果。

富含淀粉的谷物饲料，每日每头羊的饲喂量以不超过1千克为宜，并应分两次饲喂给。据西北农林科技大学试验，每日饲喂给玉米粉的量达1.5千克时，其发病率几乎达100%。因此，控制饲喂量就可防止本病的发生。

此外，奶山羊泌乳早期补加精料时要逐渐增加，使之有一个适应过程。

阴雨天，农忙季节，粗饲料不足时要注意严格控制精料的饲喂量。

### 6. 治疗

（1）本病的治疗原则。排除胃内容物，中和酸度，补充液体并结合其他对症疗法。若治疗及时，措施得力，常可收到显著疗效。可用下述方法进行治疗。

（2）瘤胃切开术疗法。当瘤胃内容物很多，且导胃无法排出时，可采用瘤胃切开术。将内容物用石灰水（生石灰 500 克，加水 5 000 毫升，充分搅拌，取上清液加 1~2 倍清水稀释后备用）冲洗、排出。术后用 5% 葡萄糖生理盐水 1 000 毫升，5% 碳酸氢钠 200 毫升，10% 安钠咖 5 毫升，混合一次静脉注射。补液量应根据脱水程度而定，必要时一日数次补液。

（3）瘤胃冲洗疗法。这种疗法比瘤胃切开术方便，且疗效高，常被临床所采用。其方法是：用开口器开张口腔，再用胃管（内直径 1 厘米）经口腔插入胃内，排出瘤胃内容物，并用稀释后的石灰水 1 000~2 000 毫升反复冲洗，直至胃液呈近中性为止，最后再灌入稀释后的石灰水 500~1 000 毫升。同时全身补液并输注 5% 碳酸氢钠溶液。

（4）为了控制和消除炎症，可注射抗生素，如青霉素、链霉素、四环素或庆大霉素等。对脱水严重，卧地不起者，排除胃内容物和用石灰水冲洗后，还可根据病情变化，随时采用对症疗法。

对轻型病例，如羊相当机敏，能行走，无共济失调，有饮欲，脱水轻微，或瘤胃 pH 值在 5.5 以上者。可投服氢氧化镁 100 克，或稀释的石灰水 1 000~2 000 毫升，适当补液。一般 24 小时开始吃食。

瘤胃切开术疗法详见图 1-2-43，临床治疗详见图 1-2-44。

图 1-2-43　瘤胃切开术疗法
（马利青提供）

图 1-2-44　瘤胃冲洗机械及实例
（马利青提供）

（青海省民和县畜牧兽医工作站　原永海供稿）

## 二、醋酮血病（酮病）

羊的醋酮血病又称为酮病、酮血病、酮尿病。本病是由于蛋白质、脂肪和糖的代谢发生紊乱，在血液、乳、尿及组织内酮的化合物蓄积所致的疾病。

多见于冬季舍饲的奶山羊和高产母羊泌乳的第一个月，主要是由于饲料管理上的错误，其营养不能满足大量泌乳的需要而发病。

本病和羊的妊娠毒血症，即产羔病、双羔病虽然生化紊乱基本相同，而且在相似的饲养管理条件下发病，但在临床上是不同病种，并发生在妊娠—泌乳周期的不同阶段。

### 1. 病因

原发性酮病常由于大量饲喂含蛋白质、脂肪高的饲料（如豆类、油饼），而碳水化合物饲料（粗纤维丰富的干草、青草、禾本科谷类、多汁的块根饲料等）不足，或突然给予多量蛋白质和脂肪的饲料，特别是在缺乏糖和粗饲料的情况下供给多量精料，更易致病。

在泌乳峰值期，高产奶羊需要大量的能量，当所给饲料不能满足需要时，就动员体内贮备，因而产生大量酮体，酮体积聚在血液中而发生酮血病。

酮病还可继发于前胃弛缓、真胃炎、子宫炎和饲料中毒等过程中。主要是由于瘤胃代谢扰乱而影响维生素 $B_{12}$ 的合成，导致肝脏利用丙酸盐的能力下降。

另外，瘤胃微生物异常活动所产生的短链脂肪酸，也与酮病的发生有着密切关系。

妊娠期肥胖，运动不足，饲料中缺乏维生素 A、维生素 B 以及矿物质不足等，都可促进本病发生。

图 1-2-45 为饲养场堆放的豆腐渣。

图 1-2-45　饲喂过量的豆腐渣（马利青提供）

### 2. 症状

病初表现反复无常的消化扰乱，食欲降低，常有异食癖，喜吃干草及污染的饲料，拒食精料。反刍减少，瘤胃及肠蠕动减弱。

粪球干小，上附黏液，恶臭，有时便秘与腹泻交替发生。排尿减少，尿呈浅黄色水样，初呈中性，以后变为酸性，易形成泡沫，有特异的醋酮气味。泌乳量减少，乳汁有特异的醋酮气味。肝脏叩诊区扩大并有痛感。

其临床症状详见图 1-2-46~图 1-2-47。

图 1-2-46　临产前卧地不起（马利青提供）

图 1-2-47　产后瘫痪（马利青提供）

### 3. 剖检

主要表现是肝脏的脂肪变性，严重病例的肝比正常的大 2~3 倍，其他实质器官也出现不同程度的脂肪变性。

其肝脏剖检变化详见图 1-2-48。

### 4. 防治

（1）改善饲养条件，应保证供应充分的全价饲料，建立定期检查制度，发现病羊后，应立即采取防治措施。

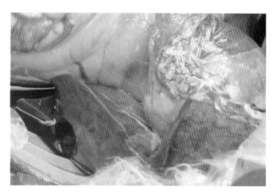

图 1-2-48　肝脏的脂肪变性（马利青提供）

（2）药物治疗，首先是提高血糖的含量，静脉注射高渗葡萄糖 50~100 毫升，每天 2 次，连续 3~5 天。条件许可时，可与胰岛素 5~8 国际单位混合注入。

（3）发病后可立即肌肉注射可的松 0.2~0.3 克或促肾上腺皮质素（ACTH）20~40 国际单位，每日 1 次，连用 4~6 天。

（4）丙酸钠每天 250 克，混入饲料中饲喂给，供给 10 天。还可内服丙二醇 100~120 毫升，每日 2 次，连用 7~10 天。

（5）内服甘油 30 毫升，每天 2 次，连续 7 天。

（6）为了恢复氧化—还原过程及新陈代谢，可口服柠檬酸钠或醋酸钠，剂量按 300 毫克/千克体重计算，连服 4~5 次。

（7）还可用次亚硫酸钠 2 克，葡萄糖 20~40 克，加蒸馏水至 100 毫升制成注射剂，每次静脉注射 30~80 毫升。

（8）供给维生素 A、维生素 B 及矿物质（钙、磷、食盐等）。

临床治疗详见图1-2-49。

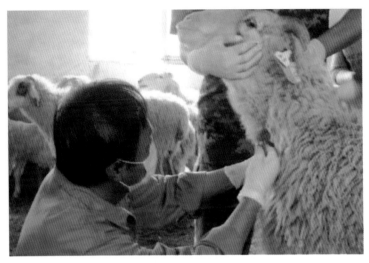

图1-2-49 患羊的静脉注射方法（马利青提供）

（青海省海东市民和县畜牧兽医工作站 李生福供稿）

### 三、慢性氟中毒

#### 1.临床症状

饮食了含有高氟的饲料、饮水或氟化物药剂后引起的中毒性疾病。

前者多引起慢性（蓄积性）中毒，通常称为氟病，以牙齿出现氟斑、过度磨损、骨质疏松和形成骨疣为特征；后者主要引起急性中毒，以出血性胃肠炎和神经症状为特征。

其临床症状详见图1-2-50和图1-2-52。

图1-2-50 患羊牙齿高低不齐（马利青提供）

#### 2.剖解变化

急性氟中毒的羊反刍停止，腹痛、腹泻，粪便带血液、黏液；呼吸困难，敏感性增高，抽搐，数小时内死亡。

慢性中毒羊表现为氟斑牙，门齿、臼齿过度磨损，排列散乱，咀嚼困难，骨质疏松，骨骼变形疣形成，间歇性跛行，弓背和僵硬等症状。

其剖检变化详见图1-2-53和图1-2-54。

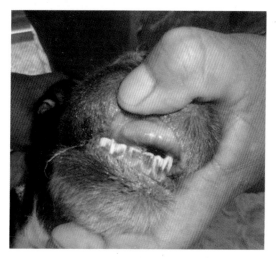

图 1-2-51　患羊牙齿黄斑
（马利青提供）

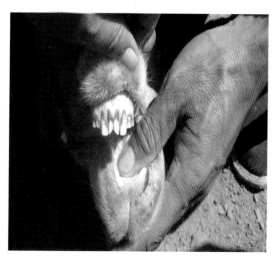

图 1-2-52　羊的门牙间隙变宽、骨
质疏松（马利青提供）

图 1-2-53　患羊牙齿磨损严重
（马利青提供）

图 1-2-54　患羊牙齿形成卡槽
（马利青提供）

### 3. 诊断要点

急性中毒羊常表现为出血、坏死性胃肠炎和实质器官的变质。

慢性中毒羊的特征病变为门齿松动，间隙变宽，磨损严重，形成氟斑牙，骨骼变形，骨质疏松等。

### 4. 防治措施

（1）预防。

① 消除氟污染，或离开氟污染环境。

② 在含氟量低的牧场与含氟量高的牧场间实行轮牧。

③ 日粮中添加足量的钙和磷。

④ 肌肉注射亚硝酸钠，或投服长效硒缓释丸，对预防山羊的氟中毒有较好的效果。

（2）治疗。

① 对急性中毒者可用催吐的方法，如用 0.5% 氯化钙洗胃，同时静脉注射葡萄糖酸钙，并配合应用维生素 C、维生素 D 和维生素 $B_1$ 等；

② 慢性氟中毒目前尚无完全康复的治疗办法，应让病畜及早远离氟源，补充硫酸铝、氯化铝和磷酸钙等，也可以静脉注射葡萄糖酸钙。

（青海省畜牧兽医科学院 王戈平 马利青供稿）

### 四、氟乙酸盐中毒

有机氟化物是广为应用的农药之一，如氟乙酸钠（SFA，$FCH_2COONa$）、氟乙酰胺（FAA，$FCH_2CONH_2$）等，主要用于杀虫和灭鼠，有剧毒，畜禽常因误食毒饵或污染物而中毒。

#### 1. 病因

有机氟农药，可经消化道、呼吸道以及皮肤进入动物体内，羊发生中毒往往因误食（饮）被有机氟化物处理或污染了的植物、种子、饲料、毒饵、饮水所致。在南非和澳大利亚，绵羊还因采食一些含氟乙酸盐的植物而发生中毒。

#### 2. 症状

中毒羊精神沉郁，全身无力，不愿走动，体温正常或低于正常，反刍停止，食欲废绝。脉搏快而弱，心跳节律不齐，出现心室纤维性颤动。

磨牙、呻吟，步态蹒跚，以及阵发性痉挛。一般病程持续 2~3 天。最急性者，约持续 9~18 小时，突然倒地，抽搐，或角弓反张立即死亡，或反复发作，终因循环衰竭而死亡。

#### 3. 剖检

主要病理变化有心肌变性、心内外膜有出血斑点，脑软膜充血、出血，肝、肾瘀血、肿大，卡他性和出血性胃肠炎。

其临床症状详见图 1-2-55~ 图 1-2-56 所示。

#### 4. 诊断

依据接触有机氟杀鼠药的病史及神经兴奋和心律失常为特征的临床症状，即可做初步诊断。

确诊还应采取可疑饲料、饮水、胃内容物、肝脏或血液，做羟肟酸反应或薄层层析，证实有氟化物存在。

图 1-2-55　氟乙酸盐中毒症状—精
神呆立（马利青提供）

图 1-2-56　中毒后口吐白沫
（马利青提供）

### 5. 预防

加强有机氟化物农药的保管使用，防止污染饲料和饮水，中毒死羊应深埋。

### 6. 治疗

首先应用特效解毒剂，立即肌肉注射解氟灵，剂量为每日 0.1~0.3 克 / 千克体重，以 0.5% 普鲁卡因稀释，分 3~4 次注射。首次注射为日用量的一半，连续用药 3~7 天。亦可用乙二醇乙酸酯（醋精）20 毫升，溶于 100 毫升水中，1 次内服；也可用 5% 酒精和 5% 醋酸（剂量各为 2 毫升 / 千克体重）内服。

同时，可用洗胃，导泻等一般中毒急救措施，并用镇静剂，强心剂等对症治疗。

（青海省海东市民和县畜牧兽医工作站　李生福供稿）

## 五、有机磷制剂中毒

### 1. 病因

主要由于羊只采食了喷有农药的农作物或蔬菜。当前常用的有机磷农药有敌百虫、敌敌畏及乐果等，羊只不管吞食了哪一类农药，都可发生中毒。

饮用了被农药污染的水，或舔舐了没有洗净的农药用具。

有时是由于人为的破坏，有意放毒，杀害羊只。

有机磷农药制剂详见图 1-2-57 和图 1-2-58 为临床喷洒农药常用器具。

### 2. 症状

有机磷农药可通过消化道，呼吸道及皮肤进入体内，有机磷与胆碱酯酶结合生成磷酰化胆碱酯酶，失去水解乙酰胆碱的作用，致使体内乙酰胆碱蓄积，呈现出胆碱能神经的过度兴奋症状。

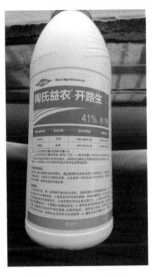

图 1-2-57　有机磷农药 2,3-D 丁脂（马利青提供）

图 1-2-58　正在喷洒有机磷农药的器具（马利青提供）

羊只中毒较轻时，食欲不振，无力、流涎。

较重时呼吸困难，腹痛不安；肠音加强，排粪次数增多；肌肉颤动，四肢发硬；瞳孔缩小，视力减退。

最严重的时候，口吐大量白沫；心跳加快，体温升高，大小便失禁，神志不清，黏膜发紫，全身痉挛，血压降低，终至死亡。

血液检查：红细胞及血红蛋白减少，白细胞可能增加。

其临床症状详见图 1-2-59 和图 1-2-60。

图 1-2-59　中毒后口角弓反张（马利青提供）

图 1-2-60　中毒后口吐带色的瘤胃液（马利青提供）

### 3. 剖检

主要是胃肠黏膜充血和胃内容物有大蒜臭味。若病程稍久，所有黏膜呈暗紫色，内脏器官出血。肝、脾肿大，肺充血水肿，支气管含多量泡沫。

剖检变化详见图 1-2-61~ 图 1-2-63。

图 1-2-61　有机磷农药中毒后引起
肝脏肿大质地脆弱（马利青提供）

图 1-2-62　有机磷农药中毒后引起
胆囊肿大（马利青提供）

图 1-2-63　有机磷农药中毒后引起肺脏上的出血斑块（马利青提供）

### 4. 诊断

根据发病很急，变化很快，流涎、拉稀、腹痛不安及瞳孔缩小等特点，结合有机磷农药接触病史可以做出确诊。

### 5. 预防

对农药一定要有保管制度，严格按照《剧毒农药安全使用规程》进行操作和使用，防止人为破坏。

在喷过药的田地设立标志，在 7 天以内不准进地割草或放羊。

### 6. 治疗

（1）清除毒物

经皮肤染毒者，用 5% 石灰水或肥皂水（敌百虫禁用）刷洗。

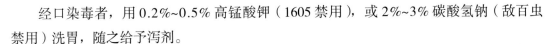

经口染毒者，用0.2%~0.5%高锰酸钾（1605禁用），或2%~3%碳酸氢钠（敌百虫禁用）洗胃，随之给予泻剂。

（2）解毒。

① 解磷定　按10~45毫克/千克体重计算，溶于生理盐水、5%葡萄糖液、糖盐水或蒸馏水中都可以，静脉注射。半小时后如不好转，可再注射1次。

② 阿托品　用1%阿托品注射液1~2毫升，皮下注射。在中毒严重时，可合并使用解磷定及阿托品。

还可以注射葡萄糖、复方氯化钠及维生素$B_1$、维生素$B_2$、维生素C等。

③ 对症治疗　呼吸困难者注射氯化钙；心脏及呼吸衰弱时注射尼可刹米；为了制止肌肉痉挛，可应用水合氯醛或硫酸镁等镇静剂。

（青海省畜牧兽医科学院　王戈平　马利青供稿）

### 六、羊吃塑料布

#### 1. 原因

随着塑料薄膜在农村大力推广普及，羊误吃塑料布的情况屡见不鲜，特别是每年冬春季节更为多见。

#### 2. 症状

羊误食塑料薄膜后，消化机能紊乱。临床表现为精神沉郁，腹痛不安，哞叫呻吟，背腰部懒弓起，不断回头顾腹部或用后蹄踢腹，左腹部膨大，静卧时呈右侧横卧，头颈屈曲附于胸腹部，时有伸头展颈，食欲减退，反刍迟缓，咀嚼无力，反刍时从口角流出泡沫状液体，偶尔出现假性呕吐，粪便初期干燥，呈暗黑色，以后下痢稀薄，带有血液。确诊后按下列方案及时治疗。

#### 3. 治疗

（1）排除胃内容物。植物油300毫升，或液体石蜡500毫升，或硫酸钠200克，溶于1 000毫升水中1次灌服。

（2）促进胃蠕动。番术鳖酊10毫升，95%酒精20毫升，常水800毫升，混合1次灌服。或3%毛果芸香碱3毫升，1次皮下注射；4小时后，再皮下注射0.5%新斯的明10毫升，以便尽快排除异物。

（3）制止胃内容物异常发酵腐败。鱼石脂10克，20%酒精150毫升，常水800毫升，混合胃管一次投服。

（4）改善消化机能。碳酸氢钠 15 克，酵母粉 30 克，食母生 50 片，大黄片 50 片，混合 1 次灌服。

（5）中药用加味大承气汤泻下导滞。大黄 50 克、硫硝 100 克、川朴 30 克、积实 30 克、神曲 25 克、山楂 25 克、麦芽 25 克、陈皮 20 克、香附 20 克，早晚两煎，取汁加猪脂油 100 克，混合后灌服。

（6）对治疗效果不明显的病羊，应及时实施手术取出羊胃内的异物。对采食塑料制品和塑料纸等异物过多和采食时间过长的病羊，经采取上述治疗方法仍然治疗效果不明显时，应请有资质的执业兽医实施瘤胃手术，及时取出羊胃内的塑料制品和塑料纸等异物，并加强对手术后的病羊护理，以利于病羊早日康复。

（青海省海东市乐都区畜牧兽医工作站 董泽生供稿）

### 七、草原毛虫

#### 1. 草原毛虫形态

草原毛虫（*Gynaephora chenghaiensis chou et yin*）又称为红头黑毛虫，属于鳞翅目毒蛾科草毒蛾属。草原毛虫的雄虫具有发达的翅，体表为黑色，全身被覆黄色细长的毛，体长为 0.7~1.1 厘米，翅展宽 2.2~3.1 厘米；雌虫体表为污黄色，体长较雄虫短，周身有黄白相间的花纹。草原毛虫幼虫体表成黑色，被覆黑色的毛，在背部有黄色的腺体，位于背中靠近尾部的地方，左右各一。头部因龄期不同而呈现不同的颜色。

不同期草原毛虫形态特征详见图 1-2-64 ~ 图 1-2-68。

图 1-2-64 草原毛虫的幼虫
（何生德提供）

图 1-2-65 蛹化后的虫体
（何生德提供）

图 1-2-66 羽化后的形态
（何生德提供）

图 1-2-67 交配会所产的卵
（何生德提供）

图 1-2-68 收集的用于研究的草原毛虫（李秀萍提供）

## 2.临床症状

病畜流涎、食欲不振，采食困难，齿龈、面颊黏膜、舌面和舌背出现大小不一、边缘不整齐的红褐色溃疡斑，舌体、齿龈等溃疡处相继发生大面积坏死，影响正常采食，最后病畜因极度消瘦而死亡。该病死亡率高，发病原因不明，严重时舌体断裂。剖检变化表现为病畜消瘦，营养不良，舌面、齿龈等部位黏膜出现不同程度的溃烂。

其临床症状详见图 1-2-69~ 图 1-2-71。

图 1-2-69 患羊口腔溃疡
（何生德提供）

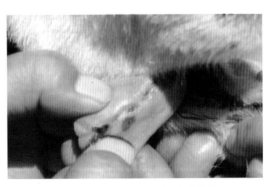

图 1-2-70 患羊舌头上形成的出血斑（何生德提供）

图 1-2-71　患羊在唇部形成的溃疡（何生德提供）

### 3. 组织学变化

组织学变化主要表现为舌面黏膜有损伤，损伤部位黏膜内及深层舌肌中有异物刺入，异物有倒刺，周围有大量淋巴细胞、上皮样细胞核多核巨细胞浸润。

其组织学变化详见图 1-2-72 和图 1-2-73。

图 1-2-72　患羊舌组织中草原毛虫
的毛刺（常兰提供）

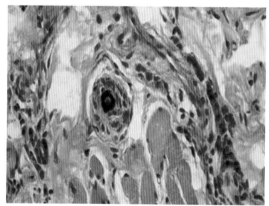

图 1-2-73　患羊舌组织中草原毛虫
的毛刺（常兰提供）

### 4. 治疗

治疗原则为消除病因、加强护理、净化口腔和抗菌消炎。对于病羊，应饲喂给柔软、富含营养、易消化的草料。对于患轻度口炎的病羊，可选用 0.1% 高锰酸钾溶液、0.1% 雷夫奴尔水溶液、3% 硼酸水、10% 浓盐水、2% 明矾水或鲁格液等反复冲洗口腔，而后涂碘甘油。每天 1~2 次，直至痊愈为止。病羊口腔黏膜溃疡时，可选用 5% 碘酊、碘甘油、龙胆紫溶液、磺胺软膏或四环素软膏涂搽患部。

**5. 防除**

（1）化学灭除：采用化学药剂（包括敌百虫粉剂、喷剂、六六六及其替代品、杀灭菊酯、除虫菊酯）灭杀草原毛虫。

（2）生物防除：根据草原毛虫蛹体内寄生的金小蜂昆虫的生物学特性，可选用类产碱生物防治制剂等进行防除。

临床常用药物详见图1-2-74，图1-2-75~图1-2-77为临床常见防治措施。

图1-2-74　防除药剂—类产碱生防
剂（何生德提供）

图1-2-75　灭杀草原毛虫的工具
（何生德提供）

图1-2-76　灭杀草原毛虫的车队
（何生德提供）

图1-2-77　灭杀草原毛虫的车队
（何生德提供）

（青海省畜牧兽医科学院　李秀萍供稿）

# 第三节　营养代谢病

## 一、铜缺乏症

### 1. 临床症状

铜缺乏症发生于土壤缺乏铜的地区，其特征是：成年羊铜缺乏后可影响羊毛的生长；羔羊铜缺乏后发生地方流行性共济失调，或羔羊的"摇摆病"；成年羊的早期症状为全身黑色羊毛的羊会失去色素，并长出缺少弯曲的刚毛。

铜缺乏症的典型症状为患羊体质衰弱、贫血和进行性消瘦；通常引起结膜炎的发生，甚至引起患羊泪流满面；有时伴有慢性下痢；重症患羊所产的羔羊表现为不能站立，即使勉强能够站立，也会因运动共济失调而又倒下，或者走动时左右摇摆。

患羊血液中铜的含量很低，降到0.1~0.6毫克/升；羔羊肝脏含铜量也在10毫克/千克以下。

其临床症状详见图1-2-78~图1-2-81。

### 2. 剖解变化

共济失调的羔羊，其特征性变化为：脑髓中发生广泛的髓鞘脱失现象，脊髓的运动神经有继发变性；脑干变化的结果，造成液化和空洞。

### 3. 诊断要点

主要根据临床症状、补铜后的疗效及剖检变化诊断。

图1-2-78　铜缺乏后引起患羊躯体瘫软，不能站立（马利青提供）

图1-2-79　铜缺乏后引起患羊跟不上群而掉队（马利青提供）

图 1-2-80　铜缺乏后引起患羊后躯
瘫软（马利青提供）

图 1-2-81　铜缺乏后引起患羊犬坐
姿势（马利青提供）

单靠血铜的一次性分析，不能确定是铜缺乏，因为血铜在 0.7 毫克/升以下时，说明肝铜浓度（以肝的干重计）在 25 毫克/千克以下，但当血铜在 0.7 毫克/升以上时，就不能正确反映肝铜的浓度。

### 4.防治措施

绵羊对于铜的需要量是很小的，每天只供给 5~15 毫克即可维持其铜的平衡；如果供给量太大，即蓄积在肝脏中而造成羊的慢性铜中毒。

因此，铜的补给要特别小心，除非具有明显的铜缺乏症状外，一般都不需要补给，为了预防铜的缺乏，可以采用以下两种方法：

（1）最有效的预防办法是，每年给草场上的牧草喷洒硫酸铜溶液；或在营养（盐）舔砖中加入 0.5% 的硫酸铜，让羊每周舔舐 100 毫克左右，对铜缺乏症有明显的预防效果；但舔舐过量后有慢性铜中毒发生的危险，必须特别注意。

（2）灌服硫酸铜溶液

成年羊每月灌服 1 次，每次灌服 3% 的硫酸铜溶液 20 毫升。

如在临产前的妊娠母羊群中出现行走不稳等类似症状的患羊时，应立即给所有的妊娠母羊灌服硫酸铜溶液，剂量为 5% 的硫酸铜溶液 20 毫升。

产羔前用同样方法处理患病妊娠母羊 2~3 次，即可防止该病在羔羊群中发生。

（青海省畜牧兽医科学院　蔡其刚　马利青供稿）

## 二、膀胱及尿道结石

### 1.病因

（1）与尿道的解剖结构有关。公羊、母羊的尿道在解剖结构上有很大差别。

例如母羊的尿道很短，膀胱中的结石很容易通过尿道排出体外。

而公羊及阉割羊的尿道是位于阴茎中间的一条很细长管子里，而且有"S"状弯曲及尿道突内，结石容易停留在细长的尿道中，更容易被阻挡在"S"状弯曲部，或尿道突内。

（2）饲料、饲草因素。日粮中的钙、磷比例失调（要求2∶1）；尿结石的主要成份为沉积而成的磷酸盐；育肥羊日粮属于偏精料型日粮。

饲喂大量的棉籽壳、亚麻籽壳、麸皮及其他富磷饲料。

饮用水中含有大量钙盐、镁盐。缺乏维生素A时也容易形成结石。

年轻的种公羊配种过度，且食盐的补充量过多时，容易发病。

谷物中的钙、磷比例一般为1∶4~1∶6；

例如，每100克的玉米中含：蛋白质85克，脂肪4.3克，糖类72.2克，能量1398.4千焦，钙22毫克，磷120毫克，铁1.6毫克。

大量的磷随摄食谷物饲料进入体内。

磷主要通过尿液、唾液及消化道三个途径排出。

另一方面，由于精料型日粮不能促进唾液的大量分泌，也就不能使体内较多的磷随着唾液进入消化道后跟粪一起排出体外，造成大量的磷随体液循环进入到尿液中，这为磷酸盐的沉积埋下隐患。

粗硬饲草料能促进唾液的大量分泌。

（3）饮水量不足。饮水量不足时，使尿液中矿物质的浓度增高，此时，尿液中的矿物质处于超饱和状态，是发生尿结石的潜在因素。

脱水是各种结石发展的关键因素。

（4）去势（阉割）。由于受尿道的长度和直径的影响，尿结石容易在公羊上发生；同时，过早的阉割小公羊后会导致阉羔的雄性激素分泌不足，影响到阴茎和尿道的发育，使阴茎和尿道的直径变小变窄，造成结石阻塞。

（5）过度饲喂精料。如果采用每天1~2次的精料饲喂，饲喂后会引起抗利尿激素的释放，使尿液的分泌量暂时性减少，从而增加了尿液的浓度和患结石的风险。

（6）遗传因素。有些绵羊品种，如德克塞尔羊，更偏向于磷在尿液中的排出，为尿结石的发生增加了风险。

**2. 症状**

泌尿系统中有少量的细砂颗粒时，并没有多大妨害，若堆积量太多，使排尿受到部分或全部障碍时，就会显出症状；引起阴茎根部的发炎、肿胀，频繁作排尿姿势，不断发出呻吟声，不时起卧，有时双膝跪地，有时呈犬坐式，有时又表现似睡非睡状态，有时头部回顾腰部，甚至用角抵触腹部。

其临床症状详见图1-2-82，图1-2-83为氯化铵制剂。

图1-2-82 尿结石后引起患羊排尿
困难（马利青提供）

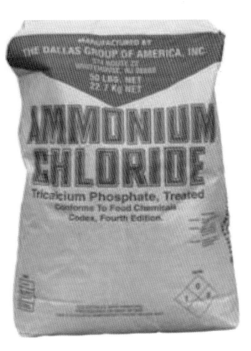

图1-2-83 尿结石的防治制剂
（马利青提供）

### 3. 剖检

病变集中在泌尿生殖系统。肾脏及输尿管肿大而充血，肾盂肾炎，甚至有出血点；膀胱因积尿而膨大，剖开时可见大小不等的颗粒状结石，在其黏膜上有出血点；尿道起端及膀胱颈被结石堵塞，其他内脏无变化。

其剖检变化详见图1-2-84~图1-2-87。

### 4. 预防措施

（1）舍饲的种公羊，可从饲养管理上进行预防，例如适当增加运动，供给足量的清洁饮水等。

（2）在饲料方面，供给优质苜蓿，因其含有大量维生素A；同时补充足量的钙质，以调整麸皮、颗粒饲料中含磷多的缺点。

图 1-2-84　尿结石后引起患羊肾脏
的肾盂肾炎（马利青提供）

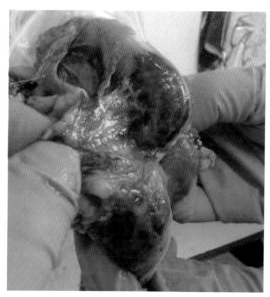

图 1-2-85　公羔羊尿道 "S" 状弯
曲部出血（马利青提供）

图 1-2-86　尿路结石
（马利青提供）

图 1-2-87　患羊的膀胱结石
（马利青提供）

（3）调整日粮钙磷比例。调整钙、磷比例，使之趋于 2∶1 左右，控制镁的含量，使之少于 0.2%，减少磷和镁在肠道中的吸收；谷物是高磷低钙性饲料，饲喂时要添加钙，但也要防止钙结石的生成。

（4）饲喂一定比例的干草以增加唾液分泌量。粗硬的饲草料会增加唾液的分泌，使更多的磷随羊的粪排出体外。

（5）增加饮水量。每天确保足量的干净饮用水。

（6）调节尿液的 pH 值。食草动物尿液的 pH 值偏高；而酸性尿液有助于磷酸盐、碳酸盐和硅酸盐的溶解。

（7）氯化铵的作用是降低尿液中的 pH 值，使尿液更偏向酸性，从而达到溶解尿结石的目的。其添加量为日粮干物质的 0.5%~1%，但长期饲喂氯化铵会导致母羊骨骼中矿物质降低，因此，母羊要慎用。

（8）避免早龄阉割。如果需要阉割，建议在 2—3 月龄后进行阉割。

（9）尽可能自由采食避免集中饲喂 。避免集中，引起抗利尿激素的释放，使尿液的浓度升高。

（10）补充维生素 A。减少膀胱上皮细胞的脱落，而上皮细胞可以作为一种黏蛋白的母体形成尿结石。鸟粪石就是一种含水的磷酸盐矿物。

**5. 治疗**

（1）加强饲养管理，减少食盐及麸皮的用量，多饲喂青草，或在饲料中加入黄玉米或苜蓿。

（2）为了控制体内其他细菌性疾病的危害，可以注射适宜的抗菌素。

（3）发生尿道结石，且尿液不通时，可用以下方法除去结石。

① 小心用尿道探子移动结石，或施行尿道切开，或膀胱切开术，将结石取出。

② 割去阴茎末端的尿道突内。

（青海省畜牧兽医科学院 王光华 马利青供稿）

### 三、绵羊碘缺乏症（甲状腺肿）

**1. 病因**

（1）原发性碘缺乏。主要是羊摄入的碘不足引起。羊体内的碘来源于饲料和饮水，而饲料和饮水中的碘与土壤中的碘含量密切相关。

土壤中碘的含量如果低于 0.2~0.25 毫克 / 千克，可视为缺碘。

羊饲料中碘的需要量为 0.15 毫克 / 千克，而普通牧草中含碘量为 0.006~0.5 毫克 / 千克。

碘缺乏地区的饲料中如果不补充碘的话，可产生碘缺乏症。

（2）继发性碘缺乏。有些饲料中含有碘的拮抗物质，可干扰碘的吸收和利用，如油菜饼、亚麻饼、扁豆、豌豆和黄豆粉等中含有碘的拮抗剂（硫氰酸盐、异硫氰酸盐以及氰苷等）。

碘缺乏时，甲状腺素合成减少，引起幼畜生长发育停滞，成年家畜繁殖障碍，胎儿发育不全。

甲状腺素还可抑制肾小管对钠、水的重吸收，使钠、水在皮下间质潴留等。

### 2. 症状

根据资料所知，成年绵羊只发生单纯性甲状腺肿，而其他症状不明显。

新生羔羊则表现为体质虚弱，不能吮吸母乳，呼吸困难，几乎 100% 死亡。

病羔的甲状腺比正常羔羊的大。因此，多表现为颈部粗大，被毛稀疏，几乎像小猪一样。

全身常表现为浮肿，特别是颈部甲状腺附近的组织更为明显。

其临床症状详见图 1-2-88~ 图 1-2-90。

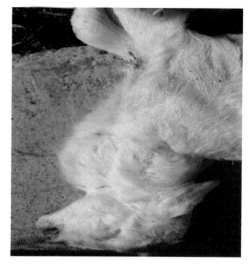

图 1-2-88　碘缺乏后引起患羊下颌部对称性肿胀（马利青提供）

图 1-2-89　缺碘后引起羊甲状腺对称性肿大（马利青提供）

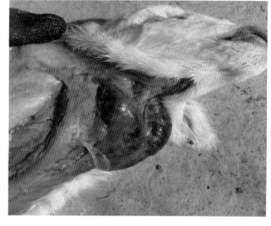

图 1-2-90　碘缺乏后引起患羊甲状腺对称性肿大（马利青提供）

### 3. 防治

在患甲状腺肿的地区，应用碘化钾后可以有效地控制和防止该病的发生，一般在食盐中加入 0.01%~0.03% 的碘化钾即有良好效果；碘化钾的具体用量可以根据地区的缺碘情况来决定。

总之，必须从思想上重视预防工作，经常采用碘盐，防止碘缺乏症的发生。

（青海省海东市民和县畜牧兽医工作站 李生福供稿）

### 四、异食癖

#### 1. 病因

由于饲草料不足，或营养不良，在冬末春初青黄不接的季节异食现象最普遍，特别是遇到长久干旱的年份，更为严重。

在这些情况下，只能食入少量营养低而难消化的牧草，造成维生素、微量元素和蛋白质等营养物质的缺乏，引起消化功能和代谢紊乱，致使味觉异常而发生异食癖。

过去认为啃骨症是一种磷缺乏症，随后经过反复实验证明，羊是不会发生磷缺乏症的，因为羊的骨头所占体重的百分比不如牛那么大，而在采食方面比牛的选择性强，拿体重相比，羊比牛吃得多。

因此，啃骨症乃是营养不良的一种表现，首先要考虑到蛋白质和矿物质的不足或缺乏。

#### 2. 症状

（1）啃骨症。喜啃骨的羊，一般食欲极差，身体消瘦，眼球下陷，被毛粗糙，精神不振。放牧时，有意寻找骨块或木片等异物吞食，时间长久后，羊只极度贫血，终至死亡。

（2）食塑料薄膜症。临床表现与食入塑料的量有密切关系，当食入量少时，无明显症状。

如果食入量过大，塑料薄膜容易在瘤胃中相互缠结，形成大的团块，发生阻塞；表现为离群孤处，低头弓背，反复或连续拉稀，有时回顾腹部；进一步发展，食欲废绝，反刍停止，可视黏膜苍白，心跳增数，呼吸加快，羊因消瘦而衰竭，病程可达2~3个月。

#### 3. 剖检

（1）啃骨症。内脏呈白色或稍带浅红色，血液稀薄，前胃及皱胃都可见到骨块或木片存在。

（2）食塑料薄膜症。剖检吃塑料薄膜致死的羊时，可发现在瘤胃中有大小不等的塑料薄膜团块，详细检查，能找到发生阻塞的具体部位。

#### 4. 防治

改善饲养管理，供给多样化的饲料，尤其要重视饲喂给蛋白质和矿物质饲料，如鱼粉、骨粉和食盐等。加强放牧，往往在短期内可以使其恢复正常。对于因吞食塑料薄膜引起的消化不良，可多次给予健胃药物，促使瘤胃蠕动，通过反刍，让塑料返到口腔被机械性的嚼碎。也可用盐类泻剂，促进排出塑料及滞留在胃肠道内的腐败有害物质。如治疗无效，在羊机体状态允许的情况下，可以施行瘤胃切开术，去除积留的塑料团块。其临床症状及剖检变化详见图1-2-91~图1-2-94。

图 1-2-91　异食癖的患羊羊群在舔
　　　　　 土（马利青提供）

图 1-2-92　在牧草丰盛的季节也在
　　　　　 舔土（马利青提供）

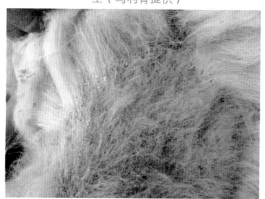

图 1-2-93　异食癖患羊有相互啃毛
　　　　　 现象（马利青提供）

图 1-2-94　异食癖患羊在瘤胃中的
　　　　　 建筑垃圾（马利青提供）

（青海省畜牧兽医科学院　蔡其刚供稿）

## 五、食毛症

### 1. 病因

当饲料中缺乏硫元素时，引起含硫氨基酸缺乏，羔羊从母羊奶中不能获得足够的含硫氨基酸，而且由于羔羊瘤胃的发育尚不完善，还没有合成氨基酸的功能，因此，含硫氨基酸极度缺乏时，引起吃羊毛的现象。

### 2. 症状

羔羊突然啃咬和食入自己母羊的毛，主要拔吃颈部和肩部的羊毛，有时专吃母羊腹部、后肢及尾部的污毛。同时，羔羊之间也互相啃咬被毛。

图 1-2-95 为食毛症的临床症状。

一般牧归入圈时啃吃得比较厉害，早晨出圈时也可以看到拔吃羊毛的现象。起初只见少数羔羊吃毛，以后可迅速增多，甚至波及全群，有时在很短几天内，就可见到把上述一些部位的毛拔净吃光，暴露出皮肤，有的羔羊的毛几乎全被吃光。

### 3.剖检

解剖时可见瓣胃内和幽门处有许多羊毛球，坚硬如石，甚至形成堵塞。

其剖检特征详见图1-2-96~图1-2-97。

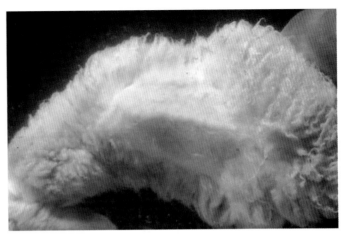

图1-2-95 食毛症的患羊被别的羊啃过的羊背（马利青提供）

图1-2-96 食毛症的患羊在瘤胃中形成的毛球（马利青提供）

图1-2-97 食毛症的患羊在瘤胃中生成大量的毛球（马利青提供）

### 4.诊断

在发生大量吃毛现象时，容易诊断出来，但在诊断过程中，应该注意与佝偻病、异嗜癖或蠕虫病区别诊断，因为这些疾病也可能造成食毛或个别体部发生脱毛现象。

### 5.预防

加强饲养管理，尤其对生产母羊，饲草料中的营养要全面，并经常运动。

对于羔羊，应供给富含蛋白质、维生素和矿物质饲料，如青绿饲料、红萝卜、甜菜和麸皮等。

### 6.治疗

将还有吃毛症的羔羊与母羊隔离开，只在吃奶时让其互相接近。加强母羊和羔羊的饲养管理，供给多样化的饲料，及含钙丰富的草料。给羔羊补喂动物性蛋白质，如鸡蛋

（富含胱氨酸），有制止继续吃毛的作用。近年来，应用有机硫制剂，尤其是蛋氨酸等含硫氨基酸制剂防治本病，取得了很好的效果。

（青海省畜牧兽医科学院　王光华　马利青供稿）

### 六、黄脂病

#### 1. 病因

通常认为与饲喂过量不饱和脂肪酸甘油酯和维生素 E 不足有关。脂肪组织中的不饱和脂肪酸易被氧化生成蜡样物质。

后者为 2~40 微米的棕色，或黄色小滴，或无定形小体，不溶于脂肪溶剂，但抗酸染色呈深黄色。

这种抗酸色素是脂肪组织变黄的根本原因，而且蜡样物质具有刺激性，可引起脂肪组织发炎。

维生素 E 是一种抗氧化剂，能阻止或延缓不饱和脂肪酸的自身氧化作用，促使脂肪细胞把不饱和脂肪酸转变为贮存脂肪。

当喂饲过量的不饱和脂肪酸甘油酯，且维生素 E 缺乏时，不饱和脂肪酸氧化性增强，蜡样物质在脂肪组织中积聚，而使脂肪变黄。

鱼粉、油渣和蚕蛹等中含有丰富的不饱和脂肪酸，饲喂量超过日粮的 20%，连喂一个月时，可引起本病发生。

玉米、胡萝卜和紫云英等饲料含有黄色色素，可沉积而使脂肪黄染。

此外，本病还与遗传有关。

#### 2. 临床表现

病羊大多不表现明显的临床症状，常在宰后发现。

病羊被毛粗糙，虚弱无力，食欲减退，增重缓慢，黏膜苍白，呈现低色素性贫血。

#### 3. 尸体剖检

体脂呈黄色或淡黄褐色。变黄较为明显的部位是：肾周、下腹、骨盆腔、肛周、大网膜、口角、耳根、眼周、舌根及股内侧脂肪。

黄脂具有鱼腥臭味，加温时更明显；骨骼肌和心肌呈灰白色；肝脏呈黄褐色，脂肪变性明显；肾呈灰红色；淋巴结肿大、水肿；胃肠黏膜充血。

其尸体剖检变化详见图 1-2-98~图 1-2-102。

#### 4. 组织学检查

脂肪组织细胞间质有蜡样质沉积，大小如脂肪细胞；由于脂肪组织发炎，常有巨噬细胞、中性粒细胞和嗜酸性粒细胞浸润；在毛细血管和小动脉周围、肝脏星状细胞、肝细胞浆内以及巨噬细胞内亦可见有蜡样质。

图1-2-98 患羊皮肤黄染（毛杨毅提供）

图1-2-99 患羊羊皮张黄染（毛杨毅提供）

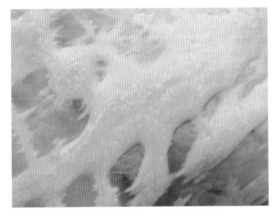

图1-2-100 患羊大网膜黄染（毛杨毅提供）

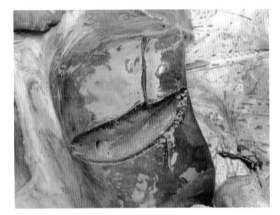

图1-2-101 患羊脾肿大、黄染（毛杨毅提供）

图1-2-102 患羊心包膜脂肪黄染（毛杨毅提供）

### 5. 防治

应除去日粮中富含不饱和脂肪酸甘油酯的饲料，或将此限制在饲喂量的 10% 以内，并至少在宰前 1 个月停喂。

日粮中添加维生素 E，每日 500~700 毫克 / 只，或加入 6% 干麦芽、30% 米糠，也有预防效果。

（青海省畜牧兽医科学院 胡 勇 马利青供稿）

## 七、黄花棘豆

### 1. 定义

黄花棘豆为草场的毒草之一，含有生物碱，以盛花期至绿果期毒性最大。各类家畜采食后都可引起慢性积累中毒。黄花棘豆的主要特点为耐盐碱、竞争力强，常匍匐生长，高 25~40 厘米，茎自基部分枝，全株密被黄色柔毛；奇数羽状复叶，小叶 17~29 枚，卵状披针形，先端尖，基部圆；托叶卵形，基部合生而与叶柄分离；总状花序，腋密生花，花冠淡黄色；荚果呈矩圆形，长 12 ~ 15 毫米，宽 5 毫米，果皮绿褐色，密生短柔毛。在青海黄花棘豆于 4 月中、下旬至 5 月上旬返青，5 月下旬至 6 月上旬分枝，6 月下旬至 8 月初进入花期，8 月中、下旬种子开始成熟，9 月下旬至 10 月上旬枯黄。黄花棘豆全株有毒，在返青期、盛花期及青果期毒性最大。据研究表明，其有毒成分主要为吲哚吡啶生物碱——苦马豆素。

黄花棘豆花期及结荚期详见图 1-2-103 和图 1-2-104。

### 2. 致病机理

苦马豆素属吲哚兹啶生物碱，白色针状结晶，熔点 144~145 ℃，分子式为 $C_8H_{15}NO_3$，分子量 173。化学系统命名为 1，2，8-三羟基八氢吲哚里西啶（1，2，

图 1-2-103 草原上的黄花棘豆花期（李秀萍提供）

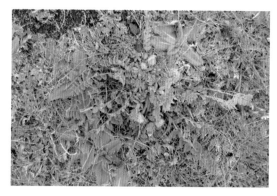

图 1-2-104 黄花棘豆结荚期（李秀萍提供）

8-trihydroxyoctahydroindolizi -dine）。3 个羟基直接连在环的碳原子上，属于醇类，故又被命名为吲哚里西啶三醇（Indolizidine triol）。易溶于乙醚、氯仿、丙酮、乙醇、甲醇、吡啶和水，具有极强的吸水性。从植物中分离的苦马豆素，按立体构型被命名为 8α β -吲哚里西啶 -1α，2α，8β - 三醇（8α β -indolizidine-1α，2α，8β -triol）或 1α，2α，8β，8α β - 吲哚里西啶三醇。苦马豆素主要通过抑制高尔基体 α- 甘露糖苷酶Ⅱ（$MAN_2A_1$）、溶酶体 α - 甘露糖苷酶（$MAN_2B_1$）和内质网 / 胞质 α - 甘露糖苷酶（$MAN_2C_1$）活性，使细胞内蛋白的 N- 糖基化合成、加工、转运以及富含甘露糖的寡聚糖代谢等过程发生障碍，导致细胞表面膜黏附分子、细胞膜受体正常功能变化，出现生殖、内分泌及免疫功能异常和细胞广泛空泡变性，使家畜中枢神经系统和实质器官受到损害，造成细胞功能紊乱，尤其是神经细胞功能紊乱，而使家畜表现出一系列神经症状。当生殖器官的组织细胞发生空泡变性时，可导致繁殖机能障碍。

### 3. 症状

绵羊采食甘肃棘豆精神沉郁，食欲轻度下降，反应迟钝，目光呆滞，喜卧等。对症状不明显的羊，手提一耳时，表现为转圈、摇头，摔地不起，随着病情的加重，步态蹒跚，行走如醉，四肢无力，后躯麻痹，食欲明显下降，体虚消瘦，卧地不起，出现濒死症状。

其临床症状详见图 1-2-105。

图 1-2-105　患羊表现为精神沉郁（李秀萍提供）

### 4. 病理变化

溶酶体甘露糖贮积，使正常糖蛋白的合成发生异常，细胞发生空泡变形。电镜下观察证实，空泡变性是溶酶体和线粒体肿胀所致。虽然细胞空泡变形是广泛的，但神经系统损害出现最早，特别是小脑普肯野氏细胞最为敏感，常有细胞死亡，因而中毒动物以运动失调为主要的神经症状。由于生殖系统细胞的广泛空泡变性，造成母畜不孕、孕畜流产和公畜不育。苦马豆素可通过胎盘屏障，直接影响胎儿，造成胎儿死亡或发育畸形。

### 5. 有毒棘豆的防治措施

（1）严禁过度放牧，合理利用草场。过度放牧是造成草地退化和毒草繁衍的主要因素，优良牧草的种类和数量就会减少，棘豆属植物就会大量生长。因此，以草定畜，制定合理的放牧利用制度，避开毒草的毒性高峰期，严禁超载过牧，合理利用草场。

（2）应用化学药物进行防除。化学药物多为 2,4-D 丁酯、2- 甲 -4- 氯、施它隆、百草隆等药物。化学防除具有高效、速效和使用方便的特点，但也存在自身难以克服的弱点，主要表现在：①缺乏特异性，不仅对毒草有杀灭作用，而且对可使用牧草也有杀火作用；②除草剂只能杀死毒草，而不能杀死土壤中的草种子，多次重复用药，增加经济成本；③除草剂残留会对草、空气、土壤等环境造成污染；④破坏草地植被，造成草地退化。

（3）应用物理方法进行防除。人工挖除的方法。人工挖除简便易行、成本低，牧民容易做到，但该方法也有缺陷：①人力、物力投入大，但效率低；②挖除棘豆时其他优质牧草也被破坏，进一步导致草地沙化、退化及水土流失；③棘豆草根系发达，不宜一次挖除，同时挖除时，棘豆草种子散落在地面上，与地面充分接触，更有利于草种子的萌发。用火焚烧的方法。该方法简便易行，省工省时，还可以加速草地物质循环，但此方法不宜除根，结果第二年继续生长繁衍，还要反复使用，而且火烧时还存在草原火灾的危险。应用生物防治方法。棘豆草混生的地方，结合人工挖除及其它草地改良的方法，补播竞争力强、耐寒、耐旱、耐贫瘠的优质牧草，应用以草治草、以牧治草方法，达到控制的目的。

（4）去毒利用。将棘豆草收割回来，用水或稀盐酸侵泡2~3天，捞出饲喂或晒干用于补饲，此方法适合使用于棘豆草生长特别茂盛的盛花期和水源充足的地方。

图1-2-106为实验室发酵减毒试验，临床防治详见图1-2-107。

图1-2-106　棘豆的发酵减毒试验
（李秀萍提供）

图1-2-107　化学灭除试验
（李秀萍提供）

（青海省畜牧兽医科学院　李秀萍供稿）

# 第二篇

## 肉羊传染病

# 第一章

# 重大传染病

## 第一节　小反刍兽疫

小反刍兽疫（Peste des Petits Ruminants，PPR）又称羊瘟或伪牛瘟，是由小反刍兽疫病毒引起绵羊和山羊的一种急性接触性传染病，临床上以高热、眼鼻有大量分泌物、上消化道溃疡和腹泻为主要特征。国际兽医局和我国都将本病列为发病必须报告的烈性传染病。

### 一、病原及流行状况

小反刍兽疫病毒只有 1 个血清型，对温度、酸碱及酒精、乙醚、甘油、去垢剂等敏感，大多数的化学灭活剂，如酚类、2% 的氢氧化钠等作用 24 小时可灭活病毒。1942 年，本病在非洲西部的科特迪瓦首次发现，随后不断扩大蔓延，截至 2004 年国际上共有 29 个国家暴发该病。2007 年我国在西藏首次发生，2013—2014 年我国新疆维吾尔自治区（以下简称新疆）、甘肃、西藏自治区（以下简称西藏）、内蒙古自治区（以下简称内蒙古）等多个省区发生该病。

易感动物为山羊、绵羊、野山羊、长角羚以及鹿等小反刍动物，山羊比绵羊更易感。病毒主要通过呼吸道飞沫传播，也可经精液和胚胎传播，亦可通过哺乳传染给幼羔。流行无年龄和季节性，多呈全面暴发流行或地方流行。

### 二、临床症状

本病潜伏期 4~6 天，发病急，体温达 41℃以上，持续 3~5 天。起初病羊眼结膜充血肿胀，眼、口和鼻腔分泌物增多，逐步由清亮变成脓性；口腔黏膜弥漫性溃疡和坏死。后期出现肺炎症状，呼吸困难并伴有咳嗽；水样腹泻并伴有难闻的恶臭气味，最后为血便，脱水衰竭死亡。发病率90%以上，死亡率通常50%~80%，羔羊发病率和死亡率均为100%。各个临床症状详见图2-1-1、图2-1-2、图2-1-3、图2-1-4和图2-1-5。

图2-1-1　眼鼻部分泌物增多（窦永喜提供）

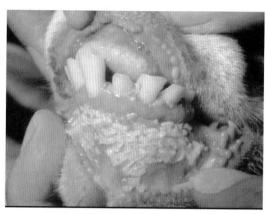

图2-1-2　口腔黏膜坏死脱落（窦永喜提供）

图2-1-3　腹泻（窦永喜提供）

图2-1-4　衰竭死亡（窦永喜提供）

图2-1-5　尸体脱水、尾部污秽（窦永喜提供）

### 三、病理变化

结膜炎、口腔和鼻腔黏膜大面积糜烂坏死，可蔓延到硬腭及咽喉部；瘤胃、网胃和瓣胃很少出现病变，皱胃和肠管糜烂或出血，在盲肠和结肠接合处有特征性线状出血或斑马样条纹（不普遍发生）；淋巴结肿大，脾脏肿大并有坏死；呼吸道黏膜肿胀充血，肺部淤血甚至出血，表现支气管肺炎和肺尖肺炎病变。各种病理变化详见图2-1-6、图2-1-7、图2-1-8、图2-1-9、图2-1-10和图2-1-11。

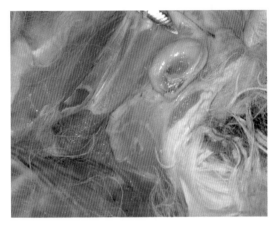

图2-1-6　腹股沟淋巴结肿大
（窦永喜提供）

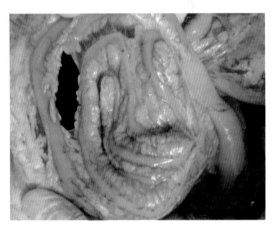

图2-1-7　肠系膜淋巴结肿大
（窦永喜提供）

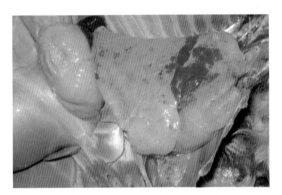

图2-1-8　肺淤血出血（窦永喜提供）

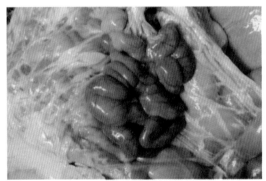

图2-1-9　肠管出血（窦永喜提供）

图2-1-10　脾肿大并坏死（窦永喜提供）

图2-1-11　盲肠上的斑马纹（王光华提供）

### 四、诊断要点

根据流行病学、临床症状和剖检变化可以做出初步诊断，但注意与羊传染性胸膜肺炎、巴氏杆菌病、口蹄疫和蓝舌病相区别。羊传染性胸膜肺炎病变主要为胸膜肺炎，而无黏膜病变和腹泻症状；巴氏杆菌病以肺炎及呼吸道、内脏器官广泛性出血为主，无口腔及舌黏膜溃疡和坏死；口蹄疫口鼻黏膜、蹄部和乳房处皮肤发生水疱和糜烂为特征，无腹泻和肺炎症状；蓝舌病由库蠓等吸血昆虫传播，多发生于库蠓活动的夏季和早秋，在乳房和蹄冠出现炎症但无水疱病变，而小反刍兽疫无季节性且无蹄部病变。确诊需要进行实验室检测，抗体检测用竞争 ELISA 法检测，病毒检测用 RT-PCR 或病毒分离培养方法。

### 五、防控措施

（1）疫苗接种可有效预防，目前临床使用的疫苗为小反刍兽疫病毒弱毒疫苗，免疫保护期达 2 年以上，能交叉保护各个群毒株的攻击感染，但热稳定性差，运输和注射时应特别注意。

（2）发生疫情后，立即启动动物疫病防控应急响应机制，按规定依法执行隔离、封锁、扑杀、消毒和紧急免疫等措施，力求把疫情控制在最小范围内消灭，避免疫情扩散，将损失降到最低。

（中国农业科学院兰州兽医研究所　窦永喜，才学鹏）

# 第二节　口蹄疫

## 一、临床症状

口蹄疫（Foot-and-Mouth Disease, FMD）是由口蹄疫病毒引起的一种急性、热性、高度接触性传染病。临床以羊跛行及蹄冠、齿龈出现水泡和溃烂为主要特征，被列为必须通报的一类动物疫病。病羊体温升高至 40~41℃，精神沉郁，食欲减退或废绝，脉搏和呼吸加快。口腔、蹄、乳房等部位出现水疱、溃疡和糜烂。严重病例可见咽喉、气管、前胃等黏膜上出现圆形烂斑和溃疡。绵羊蹄部症状明显，口腔黏膜变化较轻。山羊症状多见于口腔，呈弥漫性口腔黏膜炎，水疱见于硬腭和舌面，蹄部病变较轻，个别病例乳房可见水疱。

## 二、剖检变化

除口腔、蹄部的水疱及烂斑外，病羊消化道黏膜有出血性炎症，心肌色泽较淡，质地松软，心外膜与心内膜有弥散性及斑点状出血，心肌切面有灰白色或淡黄色、针头大小的斑点或条纹，如虎斑形称为"虎斑心"。

## 三、诊断要点

由于和口蹄疫症状类似的疫病（如羊口疮、腐蹄病、水疱性口炎等）在临床症状上不易区分，因此，任何可疑病料必须借助实验室方法进行确诊。血清学诊断主要有病毒中和试验（VNT）、正向间接血凝试验（IHA）和液相阻断 ELISA（LPB-ELISA）等，其中 VNT、LPB-ELISA 和 3ABC 抗体 ELISA 是国际贸易中指定的检测方法。病原学诊断主要有补体结合试验、病毒中和试验、反向间接血凝试验、间接夹心 ELISA 和 RT-PCR 技术。

## 四、病例参考

图 2-1-12~ 图 2-1-16 为口腔病变，图 2-1-17~ 图 2-1-20 为蹄部病变，图 2-1-21 为乳房水疱病变，图 2-1-22 为羊的"虎斑心"。

## 五、防控措施

防制口蹄疫的基本措施有：1. 对病羊、同群羊及可能感染的动物强制扑杀；2. 对易感动物实施免疫接种；3. 限制动物、动物产品及其他染毒物的移动；4. 严格和强化动物卫生监督措施；5. 流行病学调查与监测；6. 疫情的预报和风险分析。一旦发生疫情应严格按照《重大动物疫病应急预案》《国家突发重大动物疫情应急预案》和《口蹄疫防治技术规范》进行处置。

图 2-1-12　病羊泡沫状鼻液，唇部
黏膜出现水疱和溃烂（王超英提供）

图 2-1-13　齿龈水疱（李冬提供）

图 2-1-14　羊舌黏膜水疱和溃烂
（王超英提供）

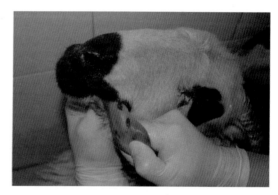

图 2-1-15　羊舌黏膜水疱溃烂
（王超英提供）

图 2-1-16　舌黏膜水疱溃烂，鼻镜
及唇部无水疱和溃烂（王超英提供）

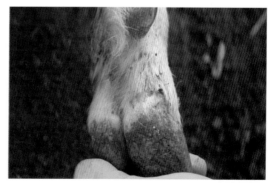

图 2-1-17　羊蹄冠部有白色水泡
（张克山提供）

图 2-1-18 蹄部水疱（李冬提供）

图 2-1-19 羊蹄壳脱落（张克山提供）

图 2-1-20 蹄部水疱破裂后溃疡出血
（李冬提供）

图 2-1-21 羊乳房水泡
（张克山提供）

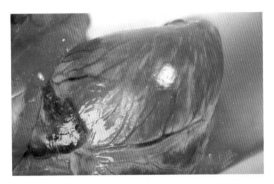

图 2-1-22 羊"虎斑心"（张克山提供）

（中国农业科学院兰州兽医研究所 张克山供稿）

# 第三节　羊蓝舌病

## 一、临床症状

本病是由蓝舌病病毒引起的一种主要发生于绵羊的非接触性虫媒性传染病，以发热、白细胞减少和胃肠道黏膜严重卡他性炎症为主要特征，被列为必须通报的一类动物疫病。患病动物和隐性携带者是主要传染源，感染动物血液能带病毒达4个月之久。牛、山羊、鹿、羚羊等动物也能感染发病，但症状轻或无明显症状，成为隐性带毒者。主要通过吸血昆虫传播，库蠓是蓝舌病病毒的主要传染媒介。各种品种、性别和年龄的绵羊都可感染发病，1岁左右的青年羊发病率和死亡率高。蓝舌病的发生具有明显的地区性和季节性，这与传染媒介库蠓的分布、活动区域及季节密切相关。多发生于湿热的晚春、夏季和早秋，特别多见于池塘、河流多的低洼地区及多雨季节。急性型表现为体温升高到41℃以上，体温升高后不久，病羊表现流涕、流涎，上唇水肿，可蔓延到整个面部，口腔黏膜充血、发绀呈紫色；接着出现口腔连同唇、颊、舌黏膜上皮糜烂；随着病程的发展，口和舌组织发生溃疡。继发感染进一步引起坏死，口腔恶臭。病羊消瘦，便秘或腹泻，有时发生带血的下痢。多并发肺炎和胃肠炎而死亡。亚急性型表现为病羊显著消瘦，机体虚弱，头颈强直，运动不灵，跛行。

## 二、剖检变化

病死羊口腔、瘤胃、心脏、肌肉、皮肤和蹄部呈现糜烂出血点、溃疡和坏死。口腔出现糜烂，舌、齿龈、硬腭、颊黏膜和唇水肿，绵羊舌发绀，故有蓝舌病之称。呼吸道、消化道和泌尿道黏膜及心肌、心内外膜均有出血点。严重病例，消化道黏膜有坏死和溃疡。脾脏通常肿大。

## 三、诊断要点

根据流行病学、临床症状、病理变化和组织学特征可做出初步诊断。实验室确诊的方法有病毒分离、RT-PCR分子诊断、琼脂扩散试验、中和试验、补体结合反应和免疫荧光抗体技术等。

## 四、病例参考

病羊口腔黏膜充血，舌面溃疡（图2-1-23），舌黏膜糜烂（图2-1-24），传播媒介库蠓（图2-1-25和图2-1-26）。

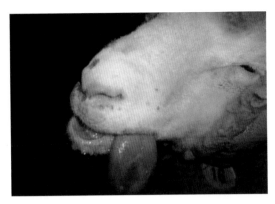

图 2-1-23　舌面溃疡（张克山提供）

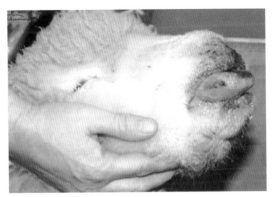

图 2-1-24　舌黏膜糜烂（张克山提供）

图 2-1-25　传播媒介库蠓（张克山提供）

图 2-1-26　传播媒介库蠓（张克山提供）

### 五、防控措施

加强检疫，严禁从暴发蓝舌病的国家和地区引进羊；加强冷冻精液的管理，严禁用带毒精液进行人工授精。库蠓是本病的主要传播媒介，根据库蠓活动具有明显季节性的特点，组织人力、物力、财力集中在每年的库蠓繁殖月份，大量喷撒灭蠓药品或通过雾熏，控制和消灭媒介昆虫。在流行地区，每年发病季节前1个月接种相应血清型疫苗，一旦羊群确诊为蓝舌病，严格按照《重大动物疫病应急预案》和《国家突发重大动物疫情应急预案》进行处置。

（中国农业科学院兰州兽医研究所　张克山供稿）

# 第二章

## 羊梭菌类疾病

羊梭菌性疾病是由梭菌属（*Clostridium*）中的致病菌株所引起的羊的一类传染病的总称。包括羔羊痢疾、羊猝狙、羊肠毒血症、羊快疫和羊黑疫等疾病。这些疾病以发病急促、病程短暂、死亡率高为特点，而且它们在病原学、流行病学、临诊表现等方面颇易混淆。该病广泛存在于我国各养羊区，对养羊业危害很大，必须高度重视。

## 第一节　魏氏梭菌

### 一、流行病学特点

魏氏梭菌，是土壤中的常在菌，也可能存在于羊的肠道内。病羊和带菌羊是主要传染源。健康羊采食了被病原菌污染的饲草、饲料、饮水后，病菌即进入胃肠道。饲料突然变换，引起肠道正常消化机能紊乱或破坏时，细菌大量繁殖，产生毒素并经机体吸收引起发病。

#### 1. 羔羊痢疾

并非由单纯的 B 型魏氏梭菌引起，而是由气候异常、饲养管理不善、营养和维生素 A 缺乏等多种因素引起，而梭菌性羔羊痢疾仅占少数。20 世纪 70 年代以后，逐渐查清了一些死亡因素，如维生素 A 缺乏，初产母羊缺奶，轮状病毒感染等。梭菌性羔羊痢疾主要发生在 2~10 日龄羔羊，发病与产羔环境有关，当多雨产圈泞泥，母羊乳头污染时，发病最多。而且难以救治。初生羔羊死亡，就目前来说仍然是亟待解决的问题，从调查数字来看，死亡数仍为羊病之首。

### 2. 猝狙

可以发生在所有品种的成年羊中，1~2 岁的绵羊发生率更高，一般暖季较多，冷季较少。

### 3. 肠毒血症

多发生于 1 岁以下的幼年羊，发病季节以秋季为主，当长途赶运，转移牧场，组群时发生较多。肥育羊过多补饲精料也易发生，故叫"过食症"。临床症状如图 2-2-1~图 2-2-4。

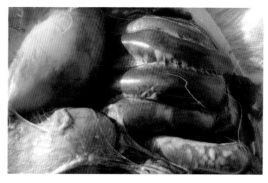

图 2-2-1 羊肠毒血症典型的红肠子
（李呈明提供）

图 2-2-2 瘤胃壁上的出血斑
（陆艳提供）

图 2-2-3 大肠上的出血斑
（陆艳提供）

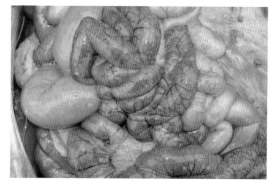

图 2-2-4 小肠充盈，肠壁充血
（陆艳提供）

## 二、病原

### 1. 羔羊痢疾的病原

羔羊痢疾的病原为 B 型魏氏梭菌（*Cl.perfringens* type B），B 型魏氏梭菌是梭菌性羔羊痢疾的病原体，革兰氏阳性，有荚膜，不运动，产芽孢，B 型菌为粗短杆状，有时呈长方块状。产生的主要毒素是 α、β、ε 3 种。青海羔羊痢疾除 B 型外，C 型也占有很大比例，如 1967 年海晏三角城羊场红肠子病死亡 2~10 日龄羔羊 1 000 余只。

### 2. 猝狙的病原

猝狙的病原为 C 型魏氏梭菌（*Cl.perfringens* type C），C 型魏氏梭菌存在于土壤、粪便及动物肠道中，为厌氧性革兰氏染色阳性杆菌，不运动，有荚膜，产芽孢。在鲜血平板上生长灰白色、半透明、园型光滑的菌落，并有双重溶血环，产生的主要毒素是 α、β 毒素，每毫升含有 250~2 000 个小白鼠最小致死量（Mimimum Lethal Dose, MLD）的毒素。

### 3. 肠毒血症的病原

肠毒血症的病原为 D 型魏氏梭菌（*Cl.perfringens* type D），D 型魏氏梭菌是革兰氏染色阳性杆菌，无鞭毛，有荚膜，能形成芽孢，发酵葡萄糖产酸产气，牛奶暴烈发酵，在鲜血平板上形成光滑园形，半透明的菌落，有溶血环。青海 D 型菌有两个类群，Ⅰ群的毒素有 α、ε、θ、κ、λ、μ 6 种毒素，另外青海更为多见的是Ⅱ群，毒素为 α、ε、θ 3 种毒素。这群 D 型菌生长缓慢，菌落干硬，细菌抹片时不易分散，有不完全溶血环，毒力较弱，一般培养为 50~250 最小致死剂量 / 毫升小白鼠静注，但在动物肠道中产毒较多，分布较广。

## 三、临床症状与病理变化

### 1. 羔羊痢疾

羔羊痢疾是新生羔羊急性接触性传染病，病程短，主要危害 1 周龄内的羔羊，剧烈腹泻，主要症状是瘫软、卧地、腹壁下垂、拉稀，临死前拉血便，小肠有出血性坏死性肠炎，故也叫红肠子病。死后小肠紫红色，肠壁严重出血，有的坏死和溃疡，肠内容物红色并有气泡，出血坏死肠段，长短不一，有的整个小肠充血出血，有的仅 5 厘米。实质器官无可见变化。

### 2. 猝狙

猝狙是成年绵羊的一种以出血性坏死性肠炎为特征的毒血症，一般观察不到前期症状，突然死亡，死后剖解可见糜烂和溃疡性肠炎、腹膜炎、体腔积液。小肠中常见到出血性坏死性肠炎病灶，出血坏死区段，肠内容物红染，这是猝狙的重要特征，可助诊断。从坏死灶中容易分出 C 型有毒菌株。

### 3. 肠毒血症

当动物感染 D 型菌后，在胃肠中繁殖产生毒素，被吸收后出现瘫软、痉挛、四肢肌肉震颤、共济失调、流涎、抽搐，继而昏迷，卧地四肢作划水状运动，一般数小时内死亡。此病常突然发生，迅速死亡，散发，剖检可见心外膜有小点出血，心包液增多，肺充血，体腔积液、小肠黏膜严重出血，不及时剖解肾脏软化。

## 四、诊断

羊梭菌性疾病根据流行病学、临床症状和病理变化可作出初步诊断，确诊有赖于病原分离和毒素检查。

### 1. 涂片检查

魏氏梭菌肠黏膜触片，见有为数众多的革兰氏阳性大杆菌，多单在，少数两个相连，菌端较齐，可疑为本菌存在。如荚膜中可见荚膜染色，则更为可疑。

### 2. 培养特性

各型魏氏梭菌均在厌气肝汤中生长旺盛，可作为首选培养基。

魏氏梭菌在厌气肝汤内较其他的细菌生长迅速，故培养3~4小时，观察发现细菌生长就再接种于鲜血琼脂上，厌气培养18~24小时，形成凸起半透明、灰白、表面光滑、边缘整齐、1~3毫米大小的圆形菌落，菌落周围有一溶血环，其外还有一圈不完整的溶血环，形成所谓双溶血环。为了获得纯培养物，可在接种病料后在65℃加热15分钟再进行培养。

### 3. 毒素检查

魏氏梭菌主要产生四种毒素（α、β、ε和ι），根据这些毒素与抗毒素的中和试验，分为A、B、C、D、E、F六型。本菌对豚鼠、小白鼠、家兔和鸽子均有致病力。各型菌对实验动物的致死量差异较大。

为了确定菌型，可用标准魏氏梭菌抗毒素与肠内容物滤液或培养物上清作中和试验。方法是：取灭菌试管4支，每支装入对小白鼠2倍致死量的滤液，再在每管中分别加入等量的B、C、D型抗毒素，第4管只加生理盐水作为对照。加毕后全部置于37℃温箱中40分钟，然后注射小白鼠，观察死亡情况，作出判断。

### 4. 诊断特点

（1）羔羊痢疾。从病死羔羊肠内容物中进行B型魏氏梭菌的分离和β、ε毒素的检查。

（2）猝狙。从心血、肝脏、脾脏、肺脏、肾脏及出血肠段采取病料作C型魏氏梭菌的分离和鉴定，同时进行肠内容物β毒素的检查。

（3）肠毒血症。应采取回肠内容物作毒素检查和细菌分离，其他肠不易检出。将一段6~10厘米长的回肠两端结扎后，剪断送实验室进行D型魏氏梭菌的分离和ε毒素的检查。

# 第二节 羊快疫

## 一、流行病学特点

腐败梭菌，常以芽孢的形式污染土壤、饲草、饲料和饮水，当芽孢经口进入消化道后，在气候骤变、饲养管理不合理、机体抵抗力降低等不良诱因的作用下即可发病，芽孢在皱胃中繁殖，造成胃壁充血，出血水肿，细菌侵入腹腔很快繁殖，肝脏更易生长，同时产生毒素造成败血毒血症而死亡，尸体极易腐败。

本病多发生在 1~2 岁的幼龄绵羊，6 个月以下，3 岁以上者发生较少，各品种均易感，季节以秋末冬初多发。

## 二、病原

快疫（Braxy）的病原为腐败毒梭菌（*Clostridium Sepxicunl*），也叫腐败梭菌，革兰氏染色阳性，有周身鞭毛，产生偏端芽孢，在鲜血平板上菌落不规则，灰色半透明，呈蔓延状生长。产生致死、坏死和溶血毒素。肝触片可见丝状菌体。

图 2-2-5 因羊快疫致死的病例（王戈平提供）

## 三、临床症状与病理变化

快疫病死羊，剖检真胃及十二指肠出血性、坏死性炎症（图 2-2-5）。

## 四、诊断

### 1.病料的采集

从新鲜尸体上采取心血、肝脏、脾脏、肺脏、肾脏及肠内容物进行病原的分离与鉴定。

### 2.涂片检查

腐败梭菌于肝表面触片上呈长丝状为其特征。

### 3.培养特性

腐败梭菌在厌气肝汤中生长 16~24 小时，呈均匀混浊，产生气体，以后培养基变清，管底形成多量絮片状灰白色沉淀，带有脂肪腐败性气味，在鲜血平板上长成薄纱状是其特点。

### 4.毒素检查

腐败梭菌可产生 α、β、γ、δ 四种外毒素。分离提纯后，以其 24 小时厌气肝汤培养物肌肉注射感染实验动物，测定其对实验动物的最小致死剂量。对小白鼠的最低致死量为 50~400 最小致死剂量 / 毫升，对豚鼠为 10~400 最小致死剂量 / 毫升。根据其毒力的强弱，可判定是否为病原。

## 第三节　羊黑疫

### 一、流行病学特点

诺维氏梭菌广泛存在于土壤中，当羊只采食被此菌芽孢污染的饲草后，芽孢经门静脉进入肝脏，正常肝由于氧化还原电位高，不利于其发育变为繁殖体，而仍以芽孢形式潜藏于肝组织中，当动物肝脏受移行期肝片吸虫的损伤、坏死，其氧化还原电位降低时，存在于该处的诺维氏梭菌芽孢会大量繁殖并产生毒素而进入血液循环，引起毒血症。因此本病的发生常常与肝片吸虫感染密切相关。

### 二、病原

黑疫（Black disease）的病原为 B 型诺维氏梭菌（*Cl.novyi type B*）。

### 三、临床症状与病理变化

黑疫病死羊，皮下淤血显著，使皮肤呈黑色外观，故名"黑疫"。

常突然发生，精神萎顿，不吃离群，行走不稳，四肢无力，喜卧下，结膜充血，呼吸迫促，心跳加快，体温升高，有的腹疼，口边流少量泡沫，迅速死亡，一般在 2 小时左右死亡，慢者 24 小时内死亡，1 天以上者极少见。

尸体皮肤充血发紫，心内膜有出血斑点，心包积液增多，并且多呈胶冻状，尸体放置稍久，血液在体内发生凝固，故凝血块充满血管，脾、肺、肾等脏器无明显变化。肝脏肿大，在其表面和深层有灰黄色坏死灶，大小不等、形圆，直径多为 2~3 厘米，黄白色、质脆易碎，坏死区中心黄色，常被一充血带所包围，多数第四胃及小肠有出血性炎症，肾上腺出血，腹腔积液（图 2-2-6，图 2-2-7，图 2-2-8）。

### 四、诊断

#### 1. 病料的采集

采取病死羊的心血、肝脏（主要采取有坏死灶的部位）、脾脏、肺脏、肾脏及肠内容物进行病原的分离鉴定。

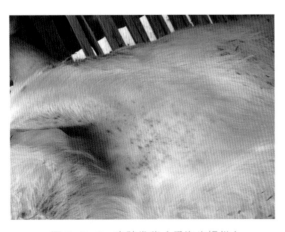

图 2-2-6　皮肤发紫（乔海生提供）

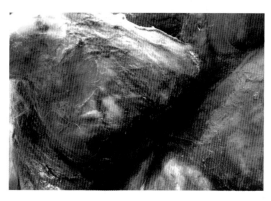

图2-2-7　皮下淤血，呈黑紫色
（张卫忠提供）

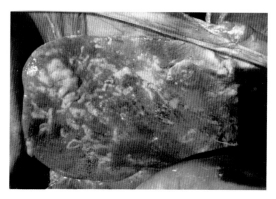

图2-2-8　羊黑疫肝脏肝片吸虫虫
道（张卫忠提供）

### 2.涂片检查

诺维氏梭菌组织涂片可见革兰氏阳性大杆菌，两端略圆，粗细一致，多为单个，有时成双或短链，芽孢卵圆，比菌体宽，位于菌体近端，无荚膜。采取死羊肝脏坏死区作抹片，见有大杆菌，两端钝圆是其特点（图2-2-9）。

### 3.培养特性

诺维氏梭菌在厌气肝汤中不生长或生长极微弱，在加有生肝块的厌气肝汤中生长良好并产气，但产毒素一般均在50个小白鼠最小致死剂量/毫升左右，24小时后即可形成芽孢，多为偏端芽孢，在胃酶消化的牛肉膏培养基中产生毒素，毒力可达2万个小白鼠致死量。细菌给豚鼠肌肉注射在24~48小时死亡，局部有无色透明胶胨状渗出物（图2-2-10）。

### 4.毒素检查

诺维氏梭菌依其所产生的毒素，有A、B、C、D4个型。B型菌引起羊黑疫，产生 α、β、η、ξ 和 θ 5种外毒素。

分离提纯后，以其72小时厌气肝汤培养物离心上清稀释、静脉注射小白鼠，测定其

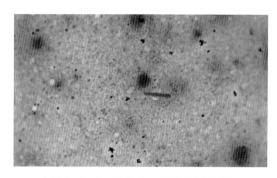

图2-2-9　组织片中的B型诺维氏
梭菌（陆 艳提供）

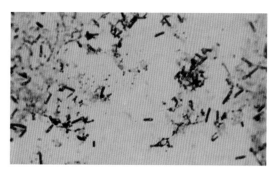

图2-2-10　纯培养后的B型诺维氏
梭菌（陆 艳提供）

对小白鼠的最小致死量。一般为 2 000~4 000 最小致死剂量 / 毫升（小白鼠静注）。

取 100 最小致死剂量的被检毒素 1 毫升与 1 毫升 B 型诺维氏梭菌病诊断血清混和，37℃ 作用 45 分钟，静脉注射小白鼠 2 只（0.4 毫升 / 只）。同时设对照组（毒素液 + 健康羊血清）。若对照组小白鼠于 20 小时内死亡，中和组小白鼠存活，表明分离菌是 B 型诺维氏梭菌。

# 第四节 溶血梭菌病（细菌性血红蛋白尿症）

1926 年美国人 Vawter 和 Records 报道，动物细菌性血红蛋白尿症（Clostridium hemolysis disease）的病原体是溶血梭菌（*Clostridium hemolyticuum*）。该菌的毒素与水肿梭菌（*Clostridum oedematis*）的有密切关系，故 OAkley 和 Warrack 把它称为水肿梭菌 D 型。牛的细菌性血红蛋白尿症分布比较广泛（美国、澳大利亚、新西兰、英国、土耳其、罗马尼亚、古巴），在美国的牛发病地区内可见到绵羊的血红蛋白尿症。细菌性血红蛋白尿症是以黄疸及血尿为特征的疫病，也叫红尿病。

## 一、流行情况

红尿病 1926 年发现于美国。此后，澳大利亚、新西兰、英国、土耳其、古巴也陆续发现此病。该病主要引起牛的死亡。在我国该病最早出现于 1969 年，均为零星散发，发病季节为秋末冬初。1971 年，张生民等在格尔木乌图美仁地区见到 5 例以血尿和肝坏死为特征的病例。1982 年 6—10 月，格尔木阿尔顿曲克区阿拉尔大队放牧的 6 群绵羊发生此病，死亡 200 余只，同时该队其他羊群及另外两个大队也有发生，全区共有 1000 余只羊死亡。2000 年，在乌图美仁地区发病一例，分出溶血梭菌，此病秋季多发，牛群中尚未见此病。

## 二、病原

溶血梭菌是本病的病原体，革兰氏阳性大杆菌，有周身鞭毛和偏端芽孢，其形态与生长特性与诺维氏梭菌相同，主要区别是本菌不产生 α 毒素，而产生 β 毒素，毒力较低，人工感染比较困难，需要与氯化钙同时肌肉注射，使局部肌肉坏死，才能使豚鼠发病死亡。

## 三、临床症状

本病呈急性经过。病羊精神不振，食欲废绝，反刍停止，呼吸困难。体温升高至 41℃左右。皮肤和眼结膜发黄。排出深红色透明尿液。后期昏迷，瘫软无力，卧地不起，多数在 24 小时内死亡。死亡率几乎 100%，治疗困难。尸解肝脏有大片坏死区，从坏死病灶可分离出溶血梭菌。

## 四、病理变化

病变尸僵不全。血液凝固不良。皮下黄染。血液透明度增加。心包液增多。腹水增多，红色透明。肝脏上有大块坏死区，直径多在 10 厘米左右，也有更大者。坏死区灰黄色，切面有黑色条纹，质地硬而脆。膀胱中有透明红色尿液。脾不肿大，肾无异常。胃肠道无可视变化。

### 五、诊断

#### 1. 分离培养方法

把死羊各脏器（心、肝、脾、肺、肾）接种于加新鲜无菌生肝块的肉肝胃酶消化汤中，培养48小时后镜检，有带芽孢的大杆菌，纯净时保存，有杂菌时70℃加热30分钟，取不同量接种于数支培养基中进行培养。同时把培养物给豚鼠肌肉注射从局部和肝脏进行分离培养。

#### 2. 溶血梭菌的特性

（1）培养特性。溶血梭菌均为两端钝圆的大杆菌，液体培养基中生长的细菌，长4~11微米，宽0.6~1.5微米，单独存在，革兰氏染色阳性。能形成偏端芽孢，芽孢所在处菌体稍膨大，能运动，电镜下观察见周身鞭毛。严格厌气。在一般厌气肉肝汤中不生长或生长不良。在牛肉胃酶消化肉汤中生长缓慢，在加有新鲜无菌生肝块（兔）时生长良好，产生气体，有臭味。在胱氨酸鲜血琼脂上厌气培养，一般3天后即有菌落生长，菌落呈圆形或不正形，扁平灰白色，边缘不整齐有突起。菌落周围有2~5毫米的溶血环，菌落大小不一，一般3毫米左右。有的菌落弥散生长呈大片状。详见图2-2-11、图2-2-12和图2-2-13。

图2-2-11 培养基上的菌落形态及生长情况
（李稳欣提供）

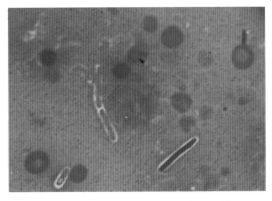

图2-2-12 组织图片中的溶血梭菌
（王 智提供）

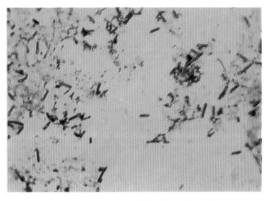

图2-2-13 溶血梭菌及其芽孢
（陆 艳提供）

（2）生化特性。本菌能发酵葡萄糖、麦芽糖、甘露醇，不发酵乳糖、蔗糖、杨苷、淀粉、糊精，不液化明胶，可凝固牛奶，靛基质试验阳性，可产生硫化氢和卵磷脂酶。

（3）毒力。本菌毒力很弱，一般 0.5~1.0 毫升菌液肌肉注射不能使豚鼠规律性死亡；加等量 5% 的氯化钙，即可致死豚鼠。通过培养几代后上述剂量可以致死豚鼠。菌种在培养基上传代其形态和毒力极易发生变异。

（4）毒素。溶血梭菌主要特点是产生 β 毒素而不产生 a 毒素。本菌的毒素致死力也很弱，一般 24 小时培养物离心上清液每毫升含 10 个小白鼠最小致死量。小白鼠死后有血尿。毒素不稳定，培养 24 小时以后逐渐消失。毒素能分解卵黄，溶解绵羊、家兔、小白鼠的红血球，对豚鼠的红血球溶解力差。呈现热冷溶血现象，即 37℃作用 1 小时溶血滴度低，放于 4℃冰箱数小时后溶血滴度增加。

## 六、防治

细菌性血红蛋白尿症的预防是比较困难的，由于该菌毒力弱而且免疫性低，所以尚无较好的疫苗使用。每 3 个月注射 1 次菌苗，都不能理想地防止本病的发生。溶血梭菌的类毒素抗原性很差。Claus 曾经试用油佐剂菌苗，认为可提高菌体凝集素水平。Lonano 用浓缩毒素加甘氨酸作为保护剂可提高免疫力。Marble 认为菌苗效果差的原因是犊牛生后即感染了溶血梭菌，因而失去了对菌苗的敏感性。目前一些国家正在进行该菌苗的研究。

在本病常发地区，每年可定期注射 1~2 次羊快疫、猝狙、肠毒血症三联苗，或羊快疫—猝狙—羔羊痢疾—肠毒血症—黑疫五联苗。

羊梭菌性疾病发病急，病程短，很难见到明显症状即因毒素中毒而死亡，因此，治疗效果多不满意。在发病初期，用抗毒素血清可能有一定疗效。给怀孕母羊补充维生素 A、给母羊接种厌气菌联合菌苗及羔羊出生后 12 小时内口服土霉素 0.15~0.2 克，每天 1 次，连用 3 天，对预防羔羊痢疾有一定作用。做好肝片吸虫的驱虫工作，有利于控制黑疫的发生。

一旦发生本病，要迅速将羊群转移到干燥牧场，减少青饲料，增加粗饲料，并及时隔离病羊，抓紧治疗。同时要搞好消毒工作，对病死羊及时焚烧后深埋，以防止病原菌的扩散。

（青海省畜牧兽医科学院 张西云供稿）

# 第五节　肉毒毒素中毒症（肉毒杆菌病）

肉毒毒素中毒症（Botulism, Botulismus）又称腐肉中毒（Carrion Poisoning），是由肉毒梭菌所产生的毒素引起的一种中毒性疾病。其特征是唇、舌、咽喉等发生麻痹。当动物摄入肉毒杆菌的芽孢后，可在消化道中繁殖，产生毒素，被机体吸收后即引起全身麻痹，瘫痪。

## 一、流行情况

肉毒杆菌的型别与敏感动物及地理分布有一定关系。A 型分布在美洲东部和欧洲，E型分布美国、加拿大、日本、北欧、俄罗斯。C 型在美国、加拿大引起野禽死亡，C、D型在美国、南非、澳洲引起牛羊死亡。

我国 A 型以新疆豆制品中毒最多，中原土壤 B 型较多见，C 型在青海、甘肃、内蒙古、西藏引起牛羊肉毒杆菌病发病及死亡均较多。

青海已分离出 A、B、C、D、E 5 个型。A、E、B 型是与污染的肉品及豆制品有关，C、D 型主要发生在牛羊，仅 1 例马 B 型肉毒中毒。D 型报导仅 2 例，1 例是东海海泥中分得，1 例是从青海绵羊中分得。

最敏感的动物是牛，其次是羊，少数骆驼也发生肉毒中毒，此外水貂也发生 C 型肉毒中毒。不分品种、性别、年龄，均易感。秋季发病最多，春夏次之，冬季少发。

牛羊发病的诱因与国外情况相同，都是由于牛羊普遍存在营养缺乏，特别是缺磷和蛋白质，而向异食癖方向发展，寻找尸体、腐肉、尸骨，贪婪地吞食，这些尸体往往是肉毒中毒而死，带有大量的芽孢，因而扩大了染病区域。此病呈地方性流行（表 2-2-1~表 2-2-3）。

## 二、病原

肉毒杆菌也叫肉毒梭状芽孢杆菌（Clostridium botulinum），是革兰氏阳性大杆菌，长4 ~10 微米，宽 0.6~1.5 微米，幼龄培养物为长丝状到短链状，24 小时为单个存在的菌体，48 小时则大部分形成芽孢，芽孢椭圆略大于菌体，位于菌体偏端，幼龄细菌有周身鞭毛，常规染色所见为稀疏的鞭毛束，电子显微镜下可见鞭毛束，是由多数纤细的鞭毛构成的（图 2-2-14~ 图 2-2-17）。

肉毒杆菌严格厌气，在普通培养基上不生长或生长不良。在加有新鲜生肝块的肉肝胃

表 2-2-1 羊快疫、肠毒血症、羊猝狙、羔羊痢疾的鉴别诊断

| 要点 | 病名鉴别 | 羊快疫 | 肠毒血症 | 羊猝狙 | 羔羊痢疾 |
|---|---|---|---|---|---|
| 流行病学 | 易感动物和病性 | 绵羊、山羊毒血症多发 | 绵羊、山羊毒血症多发 | 成年绵羊，毒血症 | 羔羊，急性毒血症 |
| | 营养状况 | 膘情较好者多发 | 膘情较好者多发 | 膘情较好者多发 | 羔羊体质瘦弱多发 |
| | 发病季节 | 秋冬和早春 | 牧区：春夏之交（抢青），秋季（草籽成熟时）；农区：夏收，秋收季节 | 冬、春季 | 冬季 |
| | 发病诱因 | 多见于阴洼潮湿地区；气候骤变，阴雨连绵，风雪交加；吃了冰冻精草料 | 吃了过量的青嫩多汁或富含蛋白质的草料 | 常见于低洼、沼泽地放牧的绵羊 | 母羊怀孕期营养不良，气候寒冷，哺乳不当 |
| | 体温 | 多升高 | 一般正常 | | |
| 病理解剖学变化 | 前胃黏膜自溶脱落 | 多见 | 无 | 无 | 无 |
| | 真胃出血性炎症 | 很显著，弥漫性或成斑状 | 轻微 | 无 | 无 |
| | 小肠出血性炎症 | 一般轻微、个别轻 | 较普遍而严重 | 严重 | 较普遍且严重 |
| | 肝坏死灶 | 大小不等、多成群存在 | 无 | 无 | 无 |
| | 肾脏软化 | 少有、较轻微 | 多数有，且较明显 | 无 | 无 |
| | 急性胸肿 | 无 | 无 | 无 | 无 |
| | 瓣胃内容物干燥 | 多见 | 无 | 无 | 无 |
| 病原菌及抹片镜检 | | 腐败梭菌，肝被膜触片，有无关节节长丝状的腐败梭菌 | D 型魏氏梭菌，血液和脏器可见细菌，两头钝圆 | C 型魏氏梭菌，血液和脏器可见细菌，两头钝圆 | B 型魏氏梭菌，血液和脏器可见细菌，两头钝圆 |

表 2-2-2 魏氏梭菌中和试验的各种反应结果

| 结果＼混合 | 第一种结果 | 第二种结果 | 第三种结果 | 第四种结果 | 第五种结果 |
|---|---|---|---|---|---|
| B型血清＋肠内容物滤液→动物 | 活 | 活 | 活 | 死 | 1. 不是魏氏梭菌，考虑其他毒素或毒物<br>2. 检查各种血清尤其是B型血清是否失效 |
| C型血清＋肠内容物滤液→动物 | 活 | 死 | 死 | 死 | |
| D型血清＋肠内容物滤液→动物 | 活 | 活 | 死 | 死 | |
| | 肠毒素是C型 | 肠毒素是D型 | 肠毒素是B型或E型 | 肠毒素是A型 | |

表 2-2-3 各型魏氏梭菌毒素、抗毒素交互中和能力

| 毒素＼抗毒素 | A 型 | B 型 | C 型 | D 型 | E 型 |
|---|---|---|---|---|---|
| A 型 | + | + | + | + | + |
| B 型 | - | + | - | - | - |
| C 型 | - | + | + | - | - |
| D 型 | - | + | - | + | - |
| E 型 | - | - | - | - | + |

注：＋能中和，－不能中和

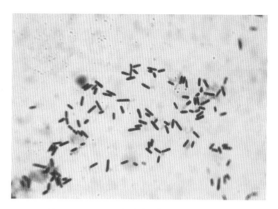

图 2-2-14　肉毒梭菌 24 小时培养
物中的形态（张西云提供）

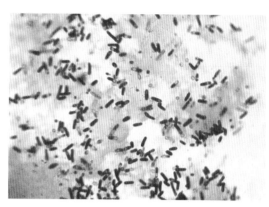

图 2-2-15　肉毒梭菌 48 小时培养
物中的形态（张西云提供）

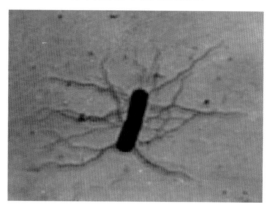

图 2-2-16　肉毒梭菌周身鞭毛
（张生民提供）

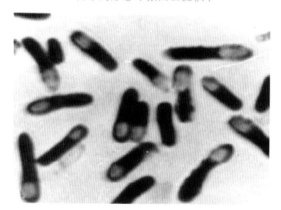

图 2-2-17　肉毒梭菌偏端芽孢
（张生民提供）

酶消化汤中生长良好，产生气体，有特殊臭味，在新制鲜血平板上生长极为缓慢，培养 7 天后可见细小无色、半透明、边缘不规则菌落形成，并有溶血环。在维生素 F 胱氨酸鲜血平板上生长良好。一般 48~72 小时即可生长，菌落 2~8 毫米、灰白、边缘不整齐，有溶血环。平板上的细菌能形成芽孢。陈旧的培养基不易生长。C 型能发酵葡萄糖、麦芽糖、杨苷和糊精。

　　肉毒杆菌的毒素有 A、B、C、D、E、F 和 G 型，A、B、E 和 F 型引起人肉毒中毒，C、D 型引起牛、羊、野鸭和水貂中毒，G 型分自土壤，病原性不明。

　　E 型毒素经胰酶处理后，毒力可增高 100 倍，G 型可增高 10 倍。

　　产毒素情况：A、B 型可达 100 万最小致死剂量 / 毫升（小白鼠静注），C 型 20 万最小致死剂量 / 毫升，D 型 200 万最小致死剂量 / 毫升，E 型 5 万最小致死剂量 / 毫升，F 型 20 万最小致死剂量 / 毫升，G 型 10 万最小致死剂量 / 毫升。

### 三、临床症状与病理变化

病畜体温不高，或略低于正常体温，病初即食欲废绝，流涎或流鼻涕，卧地不起，四肢无力，全身肌肉瘫软，腹壁松驰，内脏下垂，腹肋部凹陷，口唇着地，无力抬头，颈常弯向腹部，咽麻痹，舌外伸，吞咽困难，胃肠蠕动迟缓，反刍停止，便秘，呼吸表浅，脉搏微弱，病期 2~3 天，最长达 20 天。

尸体剖检时，无特征性眼观变化。

### 四、诊断

除了根据特殊的麻痹症状以外，应特别注意毒素检查。因为只有通过肉毒梭菌毒素的实验室检查，才能得到最后确诊。

#### 1.毒素检查

（1）分别采取可疑饲料及病死羊只的胃内容物，然后各加入 1 倍量的无菌蒸馏水或凉开水，磨碎后放室温中静置 1~2 小时，浸出其中毒素。

（2）取浸出液，用滤纸过滤或进行离心沉淀。将得到的上清液分为 2 份，一份加热至 100 ℃，经 30 分钟灭活，供对照用；另 1 份不加热灭活，供毒素试验用。

（3）动物试验与结果判定。如用小鼠做试验，则以试验液体 0.2 ~0.5 毫升注射于小鼠皮下或腹腔，用对照液体注射其他小鼠，如试验小鼠于 1 ~2 天内发生麻痹症状死亡，对照小鼠仍健康，则证明有毒素。豚鼠也可供试验用，取试验液体 1.0 ~2.0 毫升给豚鼠注射或口服，同时取对照液体以同样方法和用量接种其他豚鼠。如前者经 3 ~4 天出现流涎、腹壁松弛和后肢麻痹等症状，最后死亡，而对照豚鼠仍健康，即可做出诊断。

有些病羊的血液中也有较多的毒素，所以在发病以后，也可用其抗凝血液或血清 0.5~1.0 毫升，注射于小鼠皮下，进行同样试验。

#### 2.病原分离

将可疑病料、食物、饲料等 80 ℃加热 20 分钟，以杀死非芽孢杂菌。以不同的接种量接种于数管加新鲜生肝块的维生素 F 培养基。37 ℃培养 24 ~48 小时，抹片观察有无可疑肉毒杆菌的形态，并离心取上清液 0.2 毫升，给小白鼠静脉注射，观察有无瘫软症状。如有大杆菌及毒素，则再以不同量接种传代。有杂菌时继续加热后再培养。一般说，含杂菌的病料很难用培养菌落的方法分离，因为多数杂菌首先生长，而肉毒杆菌不易在固体培养基上生长。利用加新鲜生肝块的维生素 F 厌气培养基可以分纯肉毒杆菌。

### 五、预防

（1）加强计划免疫：在常发病地区，可以进行肉毒梭菌疫苗或类毒素的预防注射，免疫性良好，连续注射两年即可预防本病发生。

（2）经常清理草地上的尸体、尸骨，病死动物进行焚烧。

3.给牛羊补充缺乏的营养素，如磷、蛋白质和盐分，消除异嗜癖。

4.不用腐败发霉的饲料喂羊，制作青贮饲料时不可混入动物（鼠、兔、鸟类等）尸体。

## 六、治疗

（1）注射大量肉毒梭菌抗毒素，用每毫升含 1 万国际单位的抗毒素血清，静脉或肌肉注射 6 万 ~10 万国际单位，可使早期病羊治愈。

（2）采用各种方法帮助排出体内的毒素，例如投服泻剂或皮下注射槟榔素，进行温水灌肠，静脉输液，用胃管灌服普通水等。

（3）患病初期，可以静脉注射"914"，根据体重大小不同，剂量为 0.3 ~0.5 克，溶于 10 毫升灭菌蒸馏水中应用。

（4）在采用上述方法的同时，还应根据病情变化随时进行对症治疗。

（青海省畜牧兽医科学院　张西云供稿）

# 第三章

# 疱疹类疾病

## 第一节 绵羊和山羊痘

### 一、临床症状

绵羊和山羊痘是由羊痘病毒引起的绵羊或山羊的一种急性、热性、接触性传染病，以体表无毛或少毛处皮肤和黏膜发生痘疹为特征，被列为必须通报的一类动物疫病。感染的病羊和带毒羊是传染源。病羊唾液内经常含有大量病毒，健康羊因接触病羊或污染的圈舍及用具感染。主要通过呼吸道感染，其次是消化道。绵羊痘病毒主要感染绵羊，山羊痘病毒主要感染山羊。自然情况下，羊痘一年四季均可发生。病羊初期发热，呼吸急促，眼睑肿胀，鼻孔流出浆液浓性鼻涕。1~2天后，皮肤出现肿块，并于无毛或少毛部位的皮肤处（特别是在颊、唇、耳、尾下和腿内侧）出现绿豆大的红色斑疹，再经2~3天丘疹内出现淡黄色透明液体，中央呈脐状下陷，成为水疱，继而疱液呈脓性为脓疱。脓疱随后干涸而成痂皮，痂皮呈黄褐色。非典型羊痘全身症状较轻，有的脓疱融合形成大的融合痘；脓疱伴发出血形成血痘。重症病羊常继发肺炎和肠炎。

### 二、剖检变化

剖检可见皮肤和口腔黏膜的痘疹，鼻腔、喉头、气管及前胃和皱胃黏膜有大小不等的圆形痘疹，肺脏痘疹病变主要位于膈叶，其次为心叶和尖叶。镜检痘疹部主要病变是皮肤真皮浆液性炎症，充血、水肿，中性粒细胞和淋巴细胞浸润。表皮细胞轻度肿胀，大量增生、水泡变性，表皮层明显增厚，向外突出。表皮细胞胞浆中可见包涵体。真皮充血、水肿，在血管周围和胶原纤维束之间出现单核细胞、巨噬细胞和成纤维细胞，变性的表皮细胞可见包涵体，真皮充血、水肿和炎性细胞浸润。

### 三、诊断要点

根据流行病学、临诊症状、病理变化和组织学特征可作出初步诊断。利用电镜观察，PCR特异性目的基因扩增和中和试验可进行确诊。

### 四、病例参考

口唇及面部疱疹见图2-3-1，面部痘结溃烂见图2-3-2，无毛和少毛区红色丘疹见图2-3-3，皮肤痘疹见图2-3-4，全身痘疹见图2-3-5，皮肤黏膜出现的疱疹状痘疹见图2-3-6，毛丛中的疱疹状痘疹见图2-3-7，尾根部痘疹见图2-3-8，疱疹变化的过程见图2-3-9，腋下痘结溃见图2-3-10，痊愈后患部已结痂见图2-3-11，病羊肺脏痘疹见图2-3-12，病羊气管痘疹见图2-3-13，病羊在瘤胃壁上的痘斑见图2-3-14。

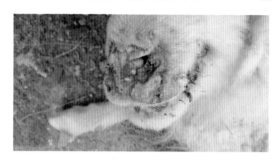

图2-3-1 口唇及面部疱疹
（李呈明提供）

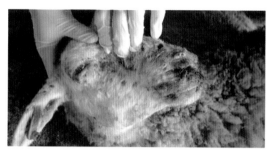

图2-3-2 面部痘结溃烂
（张克山提供）

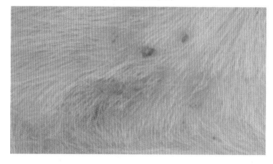

图2-3-3 无毛和少毛区红色丘疹（张克山提供）

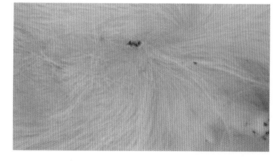

图2-3-4 皮肤痘疹（李呈明提供）

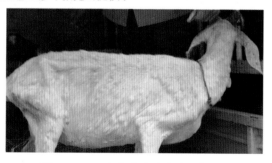

图2-3-5 全身痘疹（张克山提供）

图2-3-6 皮肤黏膜出现的疱疹状
痘疹（李呈明提供）

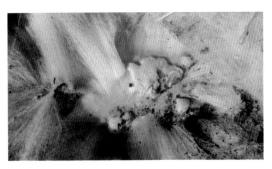

图2-3-7 毛丛中的的疱疹状痘疹
（李呈明提供）

图2-3-8 尾根部痘疹（张克山提供）

图2-3-9 疱疹变化的过程（李呈明提供）

图2-3-10 腋下痘结溃烂
（张克山提供）

图2-3-11 痊愈后患部已结痂
（李呈明提供）

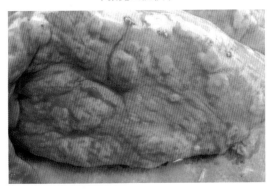

图2-3-12 病羊肺脏痘疹（张克山提供）

图2-3-13 病羊气管痘疹（张克山提供）

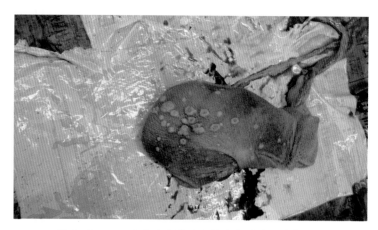

图 2-3-14　病羊在瘤胃壁上的痘斑（窦永喜提供）

**五、防控措施**

羊场和养羊户应选择健康的良种公羊和母羊，坚持自繁自养。保持羊圈环境的清洁卫生。羊舍定期进行消毒，有计划的进行羊痘疫苗免疫接种。一旦发生疫情应严格按照《重大动物疫病应急预案》《国家突发重大动物疫情应急预案》和《绵羊痘、山羊痘防治技术规范》进行处置。

（中国农业科学院兰州兽医研究所　张克山供稿）

# 第二节　羊触染性脓疱口炎

## 一、临床症状

羊触染性脓疱口炎是由羊口疮病毒引起的以绵羊、山羊感染为主的一种急性、高度接触性人兽共患传染病。以病羊口唇等皮肤和黏膜发生丘疹、水疱、脓疱和痂皮为特征，俗称"羊口疮"。发病羊和隐性带毒羊是本病的主要传染来源，病羊唾液和病灶结痂中含有大量病毒，主要通过受伤的皮肤、黏膜感染；特别是口腔有伤口的羊接触病羊或被污染的饲草、工具等易造成本病的传播。人主要是通过伤口接触发病羊或被其污染的饲草、工具等造成感染。山羊、绵羊最为易感，尤其是羔羊和 3~6 月龄小羊对本病毒更为敏感。红鹿、松鼠、驯鹿、麝牛、海狮等多种野生动物也可感染；本病多发于春季和秋季，羔羊和小羊发病率高达 90%，因继发感染、天气寒冷、饮食困难等原因死亡率可高达 50% 以上。本病在临床上一般分为蹄型、唇型和外阴型 3 种病型，混合型感染的病例时有发生。首先在口角、上唇或鼻镜部位发生散在的小红斑点，逐渐变为丘疹、结节，压之有脓汁排出；继而形成小疱或脓疱，蔓延至整个口唇周围及颜面、眼睑和耳廓等部，形成大面积易出血的污秽痂垢，痂垢下肉芽组织增生，嘴唇肿大外翻呈桑葚状突起。若伴有坏死杆菌等继发感染，则恶化成大面积的溃疡。羔羊齿龈溃烂，公羊表现为阴鞘口皮肤肿胀，出现脓疱和溃疡。蹄型羊口疮多见于一肢或四肢蹄部感染。通常于蹄叉、蹄冠或系部皮肤形成水泡、脓肿，破裂后形成溃疡。继发感染时形成坏死和化脓，病羊跛行，喜卧而不能站立。人感染羊口疮主要表现为手指部的脓疱。

## 二、剖检变化

开始为上皮细胞变性、肿胀、充血、水肿和坏死，细胞浆内出现大小和形状不一的空泡；接着表皮细胞增生并发生水泡变性并聚集有多形核白细胞，使表皮层增厚而向表面隆突，真皮充血，渗出加重；随着中性粒细胞向表皮移行并聚集在表皮的水泡内，水泡逐渐转变为脓疱。随着病理的发展，角质蛋白包囊越聚越多，最后与表皮一起形成痂皮。严重者剖检可见肺部出现痘节。

## 三、诊断要点

根据流行病学、临床症状，特别是春、秋季节羔羊易感等特征可作出初步诊断。但本病应与羊痘、溃疡性皮炎、坏死杆菌病、蓝舌病等进行鉴别诊断。当鉴别诊断有疑惑时，可进行病毒分离培养，以及特异性病原目的基因 PCR 扩增。

### 四、病例参考

图 2-3-15~图 2-3-22 为口腔病变，图 2-3-23~图 2-3-25 为蹄部病变，图 2-3-26，图 2-3-27 为人感染羊口疮病毒后引起的症状，图 2-3-28，图 2-3-29 为羊口疮肺脏痘结。

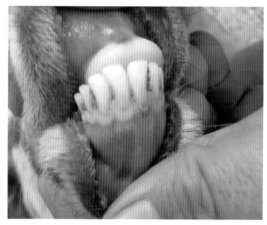

图 2-3-15　幼年羊的羊口疮（李剑提供）

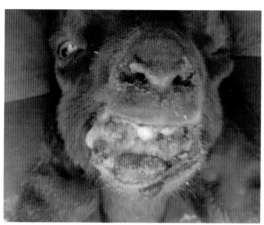

图 2-3-16　幼年羊的羊口疮（李剑提供）

图 2-3-17　唇型羊口疮继发感染（张克山提供）

图 2-3-18　羔羊口疮菜花状齿龈（张克山提供）

图 2-3-19　唇型羊口疮继发感染（张克山提供）

图 2-3-20　唇型羊口疮（张克山提供）

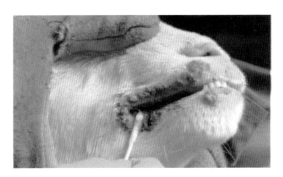

图 2-3-21 口唇处黏膜形成丘疹和
脓疱（原永海提供）

图 2-3-22 口鼻处黏膜形成疣状厚
痂（原永海提供）

图 2-3-23 蹄型羊口疮（张克山提供）

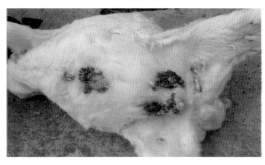

图 2-3-24 外阴型羊口疮（张克山提供）

图 2-3-25 伴有蹄部病变（乔海生提供）

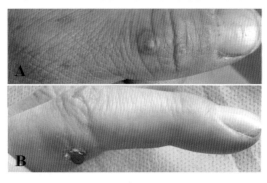

图 2-3-26 人感染羊口疮病毒（张克山提供）

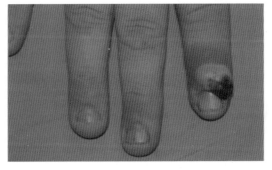

图 2-3-27 人感染羊口疮病毒
（张克山提供）

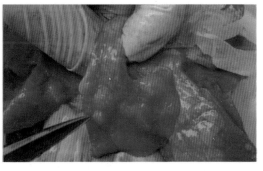

图 2-3-28 羊口疮肺脏痘结
（张克山提供）

### 五、防控措施

#### 1. 预防

禁止从疫区引进羊只。新购入的羊严格隔离后方可混群饲养。在本病流行的春季和秋季保护皮肤黏膜不发生损伤，特别是羔羊长牙阶段，口腔黏膜娇嫩，易引起外伤，应尽量剔除饲料或垫草中的芒刺和异物，避免在有刺植物的草地放牧。适时加喂适量食盐，以减少啃土、啃墙，防止发生外伤。每年春、秋季节使用羊口疮病

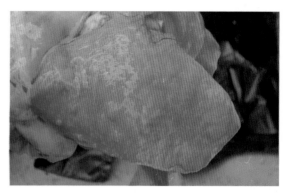

图 2-3-29　羊口疮肺脏痘结
（张克山提供）

毒弱毒疫苗进行免疫接种，由于羊痘、羊口疮病毒之间有部分的交叉免疫反应，在羊口疮疫苗市场供应不充足的情况下，建议加强羊痘疫苗的免疫来降低羊口疮的发病率。

#### 2. 治疗

对于外阴型和唇型的病羊，首先使用 0.1%~0.2% 的高锰酸钾溶液清洗创面，再涂抹碘甘油、2% 龙胆紫、抗生素软膏或明矾粉末。对于蹄型病羊可将蹄浸泡在 5% 甲醛液体 1 分钟，冲洗干净后用明矾粉末涂抹患部。乳房可用 3% 硼酸水清洗，然后涂以青霉素软膏。为防止继发感染，可肌肉注射青霉素钾或钠盐 5 毫克 / 千克体重，病毒灵或病毒唑 0.1 克 / 千克体重，每日 1 次，3 日为 1 个疗程，2~3 个疗程即可痊愈。

#### 3. 发病控制措施

首先隔离病羊，对圈舍、运动场进行彻底消毒；给病羊柔软、易消化、适口性好的饲料，保证充足的清洁饮水；对病羊进行对症治疗，防止继发感染；对未发病的羊群紧急接种疫苗，提高其特异性免疫保护效力。由于羊口疮是人畜共患传染病，尤其是手上有伤口的饲养人员容易感染，因此注意做好个人防护以免感染。人感染羊口疮时伴有发热和怠倦不适，经过微痒、红疹、水疱、结痂过程，局部可选用 1%~2% 硼酸液冲洗去污，0.9% 生理盐水湿敷止疼，再用阿昔洛韦软膏涂擦患部可痊愈。

（中国农业科学院兰州兽医研究所　张克山供稿）

# 第四章

## 流产类疾病

## 第一节　羊布鲁氏杆菌病

### 一、临床症状

羊布鲁氏杆菌病（Brucellosis Disease）是由布鲁氏杆菌引起的人兽共患传染病，其临床特征是羊生殖器官和胎膜发炎，并引起流产、不育和各种组织的局部病灶。本病的传染源是患病动物及带菌动物。患病动物的分泌物、排泄物、流产胎儿及乳汁等含有大量病菌，感染的妊娠母畜最危险，它们在流产或分娩时将大量布氏杆菌随胎儿、羊水和胎衣排出体外。本病的主要传播途径是消化道，在临床实践中，有皮肤感染的报道，如果皮肤有创伤，则更容易为病原菌侵入。其他传播途径如通过结膜、交媾以及吸血昆虫也可感染。人患该病与职业有密切关系，畜牧兽医人员、屠宰工人、皮毛工等明显高于一般人群。本病的流行强度与牧场管理情况有关。绵羊及山羊首先被注意到的症状是流产。常发生在妊娠后第3至第4个月，常见羊水浑浊，胎衣滞留。流产后排出污灰色或棕红色分泌液，有时有恶臭。早期流产的胎儿，常在产前已死亡；发育比较完全的胎儿，产出时可存活但显得衰弱，不久后死亡。公羊发病时有时可见阴茎潮红肿胀，常见的是单侧睾丸肿大。临诊症状有时可见关节炎。

### 二、剖检变化

主要表现为胎衣呈黄色胶冻样浸润，有出血点。绒毛部分或全部贫血呈黄色，或覆有灰色或黄绿色纤维蛋白。胎儿真胃中有淡黄色或白色黏液絮状物。浆膜腔有微红色液体，腔壁上覆有纤维蛋白凝块。皮下呈出血性浆液性浸润。淋巴结、脾脏和肝脏有不同程度肿胀，有散在炎性坏死灶。

### 三、诊断要点

结合流行病学资料，流产，胎儿胎衣病理变化，胎衣滞留以及不育等临诊症状，可进行初步诊断。该病的症状与钩端螺旋体病、衣原体病、沙门氏菌病等相似应进行鉴别诊断，通过虎红平板凝集试验、抗球蛋白试验、ELISA、荧光抗体法、DNA探针以及PCR等实验室诊断可确诊。

### 四、病例参考

图2-4-1公羊单侧睾丸肿大，图2-4-2胎盘子叶出血、羊水浑浊，图2-4-3虎红

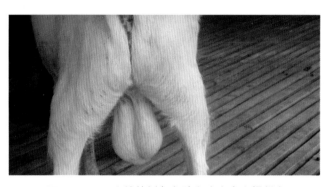

图2-4-1　公羊单侧睾丸肿大（张克山提供）

图2-4-2　胎盘子叶出血、羊水浑浊（张克山提供）

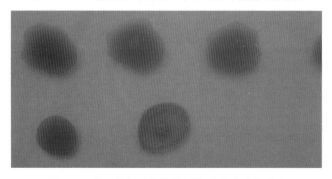

图2-4-3　虎红平板凝集试验（张克山提供）

平板凝集试验（凝集为抗体阳性）。

**五、防控措施**

布氏杆菌是兼性细胞内寄生菌，致使化疗药物不易生效，对患病动物一般不予治疗，而是采取淘汰、扑杀等措施。当羊群的感染率低于3%时，建议通过扑杀的方式进行处理，高于5%时，建议使用疫苗免疫。我国布鲁氏菌病防治有以下相关标准，《布鲁氏菌病防治技术规范》（2006年修订稿）《布鲁氏菌病诊断方法、疫区判定和控制区考核标准》（1988年10月25日卫生部和农业部）《动物布鲁氏菌病诊断技术GB/T 18646-2002》《布鲁氏菌病诊断标准WS 269-2007（卫生部）》《布鲁氏菌病监测标准GB 16885-1997（卫生部）》以及《山羊和绵羊布鲁氏菌病检疫规程SN/T 2436-2010》。治疗药物有复方新诺明和链霉素。

（中国农业科学院兰州兽医研究所　张克山供稿）

# 第二节 绵羊胎儿弯曲菌性流产

绵羊胎儿弯曲菌性流产（Abortion due to fetal vibriosis in sheep）旧称胎儿弧菌病，为绵羊的一种散发性流行病。其特征为胎膜发炎及坏死，引起胎儿死亡和早产。损失率高达50%~65.7%。

## 一、病原和病的传染

病原为胎儿弯曲菌（*Vlibrio fetus*）。本菌对链霉素、氯霉素、红霉素和四环素类抗生素均敏感，但对杆菌肽、多黏菌素 B 具有抵抗力。对于干燥、阳光和一般消毒剂都敏感，58 ℃经 5 分钟即可将其杀死。菌体很小，弯曲成逗点状或 S 状。

在健康羊群中，引进带菌的母羊时，即可受到传染。与病羊交配的公羊，亦为重要的传染媒介。一旦羊群中开始发生流产，健康羊会因接触被病羊排出物污染的饲料、饮水或牧地而发生传染，所以这些受感染的羊只，也会跟着发生流产，而且使疾病继续传播。

## 二、症状

病羊精神不振，步伐僵硬。流产前 2~3 天常从阴门流出带血的黏液，阴唇显著肿胀。流产通常发生在预产期之前 4~6 周。流产可以从怀孕的早期开始，以后继续在羊群中蔓延，直至整个产羔时期。流产的胎儿通常都是新鲜而没有变化的，有时候也可能发生分解。有的达到预产期而产出活胎儿，但常因胎儿衰弱而迅速死亡。母羊在流产以后，常从子宫排出黏液，因而影响健康，使病羊消瘦。少数母羊可因子叶发生坏死而死亡。流产过 1 次的母羊，以后继续繁殖时不再流产。

## 三、剖检

因为胎儿弯曲菌积聚于胎膜及母羊胎盘之间的血管内，扰乱胎儿的营养，故胎儿不久即发生死亡。同时由于胎儿在死后很久才能从子宫内排出，故很容易招致腐败菌的侵入。在没有腐败的情况下，胎儿皮下组织均有水肿，浆膜上有小点出血，浆膜腔内含有大量血色液体，肝脏可能剧烈肿胀，有时有很多灰色坏死灶。此种病灶容易破裂，而使血液流入腹腔。

## 四、诊断

除根据病史，症状和剖检以外，可用凝集试验进行诊断。其凝集价为 1∶40 至 1∶640，亦有更高者，不定反应的凝集价为 1∶20。血清诊断有时并不能令人满意，故确定诊断，最

好是根据实验室对于细菌的检查。实验室检查时可以利用胎膜，也可以利用胎儿。

## 五、预防

尚无有效疫苗。

（1）在确定诊断以后，应迅速隔离所有流产母羊，至少隔离3~4周，以防止扩大传染。

（2）对流产出的胎儿和胎膜加以销毁，以免污染饲料和饮水。

（3）带菌羊为重要的传播媒介，已受传染的羊群不应再作为育种繁殖群；健康羊群更要严防引进患弯曲菌病的母羊。

## 六、治疗

（1）在严重损失的羊群中，对于尚未流产和分娩的母羊，最好采用抗生素进行治疗。庆大霉素、氯霉素、强力霉素、痢特灵和氟诺沙星均有良好疗效。

（2）流产后子宫发炎的羊，可用0.5%温来苏尔或1%的温胶体银溶灌洗子宫，每日1~2次，直到炎性产物完全消失为止。对于外阴部及其附近，可用2%的来苏尔或2∶1 000的高锰酸钾溶液洗涤。

（青海省畜牧兽医科学院　简莹娜供稿）

# 第三节　衣原体流产

## 一、临床症状

衣原体流产是由衣原体感染引起的绵羊、山羊的一种人畜共患传染病，临床以发热、流产、死产和产弱羔为特征。感染衣原体的动物和人，不论是否表现出明显的临床症状，都是本病的传染源。通过呼吸道、消化道、生殖道、胎盘或皮肤伤口任一途径感染；也可能通过双重途径、多重途径感染，临床症状表现的更为复杂。各个年龄段的羊均可以感染衣原体，但羔羊感染后临床症状表现较重，甚至死亡。本病一年四季均有发生，但以冬季和春季发病率较高。母羊在产羔季节受到感染，并不出现症状，到下一个妊娠期发生流产，所以羊衣原体性流产在冬季和春季发病率较高。一般舍饲羊发病率比放牧羊发病率高，羊衣原体病多为散发或地方流行性。羊衣原体有肺炎型、流产型、关节炎型和结膜炎型。羊流产型衣原体表现为无任何征兆的突然性流产，患病母羊常发生胎衣不下或滞留或表现为外阴肿胀。

## 二、剖检变化

病理变化主要集中在胎盘和胎羔部位。脐部和头部等处明显水肿，胸腔和腹腔积有多量红色渗出液。继发子宫内膜炎，可见流产胎儿全身水肿，皮下出血，呈胶样浸润，胸腔和腹腔积有大量红色渗出液，肝脏肿大，表面布有许多白色结节。母羊胎盘子叶变性坏死。

## 三、诊断要点

根据流行特点、症状和病变可作出初步诊断。流产病料经 Giemsa 染色镜检，如发现圆形或卵圆形原生小体即可确诊。也可进行动物接种或血清学试验。本病应与布氏杆菌病、沙门菌病等疾病区别。

## 四、病例参考

图 2-4-4 为流产母羊外阴肿胀，图 2-4-5 为流产后胎膜充血、出血，图 2-4-6 为流产、产死羔，图 2-4-7 为流产后产弱羔，精神不振，图 2-4-8 为胎衣不下，图 2-4-9 为胎盘和子叶出血、水肿和坏死，图 2-4-10 为流产胎儿皮下水肿，图 2-4-11 为流产母羊胎盘子叶坏死，图 2-4-12~图 2-4-13 为羊水中衣原体姬姆萨染色，图 2-4-14 为接种鸡胚明显水肿、出血，图 2-4-15 为包涵体逐渐膨大，细胞核边移、变形。

图2-4-4 流产母羊外阴肿胀
（张克山提供）

图2-4-5 胎膜充血、出血
（邱昌庆提供）

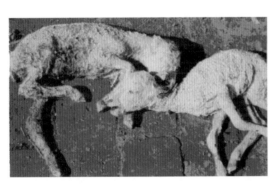

图2-4-6 流产、产死羔
（邱昌庆提供）

图2-4-7 产弱羔、精神不振
（邱昌庆提供）

图2-4-8 胎衣不下
（张克山提供）

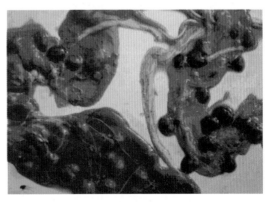

图2-4-9 胎盘和子叶出血、水肿
和坏死（邱昌庆提供）

图 2-4-10　流产胎儿皮下水肿（张克山提供）

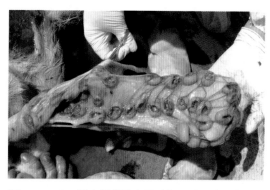

图 2-4-11　流产母羊胎盘子叶坏死（张克山提供）

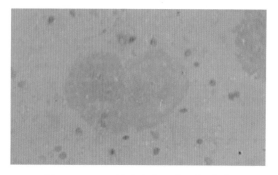

图 2-4-12　羊水中衣原体姬姆萨染
色（100×）（张克山提供）

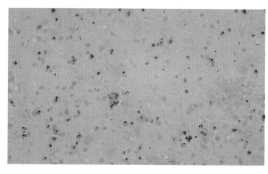

图 2-4-13　羊水中衣原体姬姆萨染
色（50×）（张克山提供）

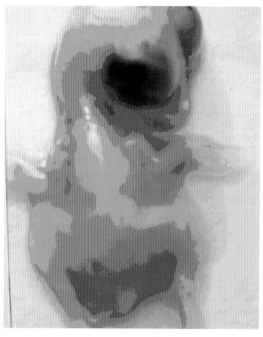

图 2-4-14　接种鸡胚明显水肿、出血
（邱昌庆提供）

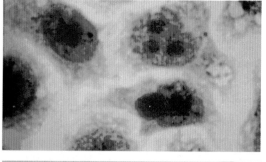

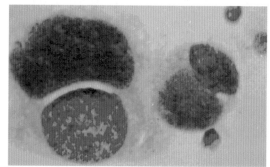

图 2-4-15　包涵体逐渐膨大，细胞
核边移、变形（邱昌庆提供）

### 五、防控措施

加强饲养管理，增强羊群体质，消除各种诱发因素。本病流行的地区，使用羊流产衣原体灭活苗对母羊和种公羊进行免疫接种，可有效控制羊衣原体病的流行。四环素、土霉素、强力霉素和泰乐霉素有一定的治疗效果。发生本病时，流产母羊及其所产弱羔应及时隔离。流产胎盘、产出的死羔应无害化销毁。污染的羊舍、场地等环境用2%氢氧化钠溶液、2%来苏尔溶液等进行彻底消毒。

羊场和养羊户应选择健康的良种公羊和母羊，坚持自繁自养。保持羊圈环境的清洁卫生。羊舍定期进行消毒，有计划的进行衣原体疫苗免疫接种。

（中国农业科学院兰州兽医研究所 张克山）

# 第四节 弓形虫病

## 一、临床症状

对于弓形虫病（Toxoplasmosis）来说，大多数成年羊呈隐性感染，主要表现为妊娠羊常于正常分娩前4~6周出现流产，其他症状不明显。少数病例可出现神经系统和呼吸系统症状，表现呼吸困难，咳嗽，流泪，流涎，有鼻液，走路摇摆，运动失调，视力障碍，心跳加快，体温41℃以上，呈稽留热，腹泻等。

## 二、剖检变化

流产时，有1/2的胎膜有病变，绒毛叶呈暗红色，在绒毛中间有许多直径为1~2毫米的白色坏死灶。产出的死羔皮下水肿，体腔内有过多的液体，肠内充血，脑尤其是小脑前部有广泛性非炎症性小坏死点。此外，在流产组织内可发现弓形虫。少数病例剖检可见淋巴结肿大，边缘有小结节，肺表面有散在的小出血点，胸、腹腔有积液。此时，肝、肺、脾、淋巴结涂片检查可见弓形虫速殖子。

## 三、诊断要点

### 1. 病原体检查

（1）涂片染色检查。生前可用患羊的发热期血液、脑脊液、眼房水、尿、唾液或淋巴穿刺液涂片染色。死后则通常采用肺、肝及淋巴结等脏器进行涂片。上述材料涂片自然干燥后，用甲醇固定2~3分钟，瑞氏液直接染色3~5分钟，或以姬姆萨液染色20~30分钟，水洗干燥后镜检（如图2-4-16）。

（2）集虫检查。如脏器涂片未发现虫体，可采肺门淋巴结或肝组织3~5克，捣碎后加10倍生理盐水混匀，用双层纱布过滤，以500转/分钟的速度离心3分钟，取上层液，再以2 000转/分钟的速度离心10分钟，取其沉淀物涂片染色镜检，可见如月牙弓形虫的虫体。

（3）压片及切片检查。主要用于检查慢性或隐性感染的患畜各组织中的包囊型虫体。检查时需将病变组织制成切片或压片，染色后镜检。

（4）对于未查出虫体的可疑病例，可取其肺、肝、脾及淋巴结等组织研碎后，加10倍体积的生理盐水（每毫升加青霉素1000国际单位、链霉素1000微克）混匀，静置10分钟，取其上清液。

（5）上清液接种于小鼠腹腔，每只接种0.5~1.0毫升，连续观察20天，若小鼠出现呼吸促迫或死亡，取腹腔液或脏器进行涂片检查。初次接种的小鼠可能不发病，可用同法对小鼠进行连续3代盲传，最终进行结果判定。

其培养特性详见图2-4-16~图2-4-21。

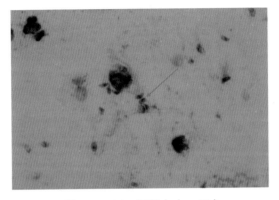

图2-4-16 弓形虫（×40）
（张德林提供）

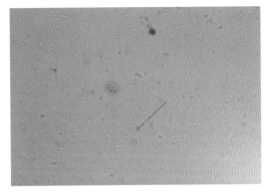

图2-4-17 培养中的弓形虫
（×10）（张德林提供）

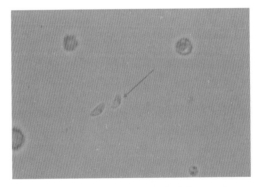

图2-4-18 弓形虫速殖子（×40）
（张德林提供）

图2-4-19 弓形虫包囊（×10）
（张德林提供）

图2-4-20 弓形虫包囊（×40）
（张德林提供）

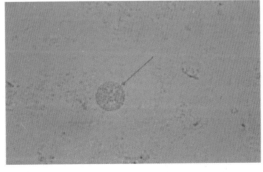

图2-4-21 弓形虫包囊（×100）
（张德林提供）

## 四、病例参考

其临床病例详见图 2-4-22 和图 2-4-23。

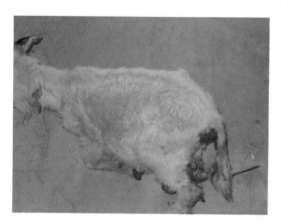

图 2-4-22　发病母羊流产，运动失调（张德林提供）

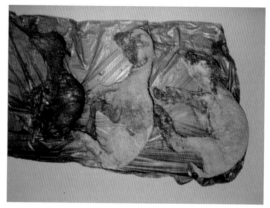

图 2-4-23　流产的羊羔以及死胎（张德林提供）

## 五、防控措施

应做好羊舍卫生工作，定期消毒。饲草、饲料和饮水严禁被猫的排泄物污染。对羊的流产胎儿及其它排泄物要进行无害化处理，流产的场地也应严格消毒。死于本病或疑为本病的羊只尸体，要严格处理，以防污染环境或被猫及其它动物吞食。弓形虫疫苗研究已取得一定的进展，目前已有弱毒虫苗、分泌代谢抗原及基因工程疫苗方面的研究报道。

对于急性病例可应用磺胺类药物，与抗菌增效剂联合使用效果更好，也可使用四环素类抗生素和螺旋霉素等，上述药物通常不能杀灭包囊内的慢殖子。

磺胺嘧啶加甲氧苄氨嘧啶：前者剂量按每千克体重 70 毫克，后者按每千克体重 14 毫克，每天 2 次，口服连用 3~4 天。

磺胺甲氧吡嗪加甲氧苄氨嘧啶：前者剂量为每千克体重 30 毫克，后者剂量为每千克体重 10 毫克，每天 1 次，口服连用 3~4 天。

磺胺 -6- 甲氧嘧啶：剂量按每千克体重 60~100 毫克；或配合甲氧苄氨嘧啶（每千克体重 14 毫克），每天 1 次，口服连用 4 天。

（中国农业科学院兰州兽医研究所　张德林供稿）

# 第五章

# 腹泻类

## 第一节　羊大肠杆菌病

大肠杆菌病（Colibacillosis ovium）是大肠埃希氏菌引起的羊的一种急性传染病，常表现为严重的腹泻和败血症，粪色为黑色或白色，有时混有血液，羔羊的死亡率较高，给养羊业造成较大的损失。本病主要经消化道感染，也可经脐带、产道感染。常为群发或呈地方性流行。

### 一、病原

大肠埃希氏菌（*Escherichia coli*）是革兰氏阴性、中等大小的杆菌。本菌具有中等程度的抵抗力，常用的消毒剂在数分钟内可将其杀死。

根据 O 抗原、K 抗原和 H 抗原不同，大肠埃希氏菌可分为不同的血清型。据报道，致家畜大肠杆菌病的病原性大肠杆菌 O 抗原群有 $O_1$、$O_2$、$O_3$、$O_6$、$O_7$、$O_8$、$O_9$、$O_{11}$、$O_{15}$、$O_{20}$、$O_{24}$、$O_{26}$、$O_{29}$、$O_{32}$、$O_{35}$、$O_{41}$、$O_{44}$、$O_{45}$、$O_{54}$、$O_{60}$、$O_{64}$、$O_{66}$、$O_{68}$、$O_{73}$、$O_{78}$、$O_{80}$、$O_{86}$、$O_{88}$、$O_{101}$、$O_{108}$、$O1_{11}$、$O_{114}$、$O_{115}$、$O_{119}$、$O_{120}$、$O_{125}$、$O_{126}$、$O_{127}$、$O_{138}$、$O_{139}$、$O_{141}$、$O_{145}$、$O_{147}$、$O_{149}$、$O_{157}$。犊牛和羊大肠杆菌病则以 $O_{78}$ 群较多。

病原性大肠杆菌的致病性取决于内毒素和肠毒素的作用，小剂量长时间的内毒素作用引起水肿病变，大剂量往往致内毒素休克死亡。肠毒素引起的肠管膨胀，肠壁驰缓、液体积聚而致下痢。而 K 抗原的附着因子能使细菌附着于小肠黏膜上，防止蠕动和食物的移动而把它带走，所以致病菌能够大量繁殖，为产生肠毒素提供条件，从而增强病原的致病性。

羊大肠杆菌病是成年羊的一种以出血性胃肠炎为特征的急性传染病。是我国广大牧区羊群的常见疾病。

青海省及内蒙古的羊大肠杆菌病，是由致病性血清型 $O_{78}$： $K_{80(B)}$：H- 的菌株引起的。本病呈地方性流行，发生于冬春两季。在自然条件下，绵羊和山羊不分年龄和性别均可发病，但以 1 个月左右的羔羊最易感。本病的发生和流行与天气突变、营养不良、场圈潮湿污秽等有关。

### 二、症状与病变

本病几乎都呈急性经过，一般均于 24 小时内死亡（羔羊仅数小时）。病初体温高到 41℃左右，不吃草，反刍停止。呼吸粗历，心跳加快。随着体温下降，发生腹痛，死前大多数病羊从肛门排出黑色（有的混有血液和气泡）的黏稠粪便，多数无挣扎，静卧而死。

剖检表现败血症和出血性胃肠炎变化：皮肤和筋膜有出血斑点，淋巴结充血出血，肺充血，表面散在出血点，第四胃黏膜肿胀出血，出血性肠炎以盲肠最为严重。

### 三、病例参考

其临床病例详见图 2-5-1 为患羊患病初期表现为粪污染尾巴；图 2-5-2 为感染大肠杆菌后引起严重的急性腹泻病例；图 2-5-3 为发生大肠杆菌性腹泻病例治疗后的情况；图 2-5-4 为患大肠杆菌病病死羔羊；图 2-5-5 ~ 图 2-5-7 为分离的致病性大肠杆菌的药敏试验。

图 2-5-1　患羊的粪污染尾巴
（李剑提供）

图 2-5-2　感染大肠杆菌后引起急
性腹泻病例（李剑提供）

图 2-5-3　患大肠杆菌病的患羊
（李剑提供）

图2-5-4　患大肠杆菌病病死羔羊
（李剑提供）

图2-5-5　患羊下颌水肿（金花提供）

图2-5-6　患羊肾脏肿大，肾盂肾
炎（金花提供）

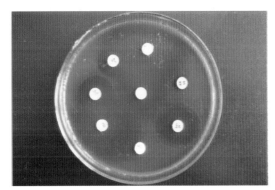

图2-5-7　致病性大肠杆菌的药敏
试验（陆艳提供）

## 四、诊断

本病是冬春两季发生的一种急性热性传染病，根据临床表现和病理剖检可以做出初步诊断。由于本病的发病季节与羊链球菌病相同，应加以鉴别。羊链球菌病病程稍长，喉头肿大，多流鼻涕而不拉稀，用青霉素治疗可获良效。

## 五、防治

用死菌因子防本病有明显的作用。成年羊皮下注射2.0毫升，小羊1.0毫升，注射后14日产生免疫力可维持半年。

清除羊圈周围的污物，深埋或烧毁死体，防止病羊的粪便、血液等污染环境也很重要。

病羊的治疗可选用庆大霉素、痢特灵、土霉素和四环素。如大羊可用氟苯尼考0.25~1.0克（小羊减半），以温热的葡萄糖生理盐水稀释后静脉注射。同时用氟苯尼考大羊0.5克，小羊0.1克口服，一般用药1次即可奏效。

（青海省畜牧兽医科学院　简莹娜　马利青供稿）

# 第二节　副结核病

## 一、临床症状

副结核病（Paratuberculosis）又称副结核性肠炎，是由副结核分枝杆菌引起绵羊和山羊的一种慢性接触性传染病。近几年本病在全国各养羊地区都有发生和流行，已经成为危害养羊业的一种重要传染病。

本病潜伏期很长，一般为6~12个月，甚至更长。幼龄羊易感，大多在幼龄时感染，经过很长的潜伏期，到成年时才出现临床症状，当机体抵抗力减弱，饲料中缺乏无机盐和维生素等，容易发病，特别是怀孕母羊在产羔后机体抵抗力下降时开始发病。临床特征为间歇性腹泻和进行性消瘦，感染初期常无临床表现，随着病程的延长，逐渐出现临床症状，表现精神不振，被毛粗乱，采食减少，逐渐消瘦、衰弱，间歇性或持续性腹泻，有的呈现轻微的腹泻或粪便变软。体温变化不大，随着消瘦而出现贫血和水肿，最后病羊卧地不起，因衰竭或继发感染其他疾病而死亡。

## 二、剖检变化

剖检主要病变在空肠、回肠、盲肠及肠系膜淋巴结，特别是回肠的肠黏膜显著增厚，并形成脑回样的皱褶，但无结节、坏死和溃疡形成，肠系膜淋巴结肿大，有的表现肠系膜淋巴管炎。自然死亡的病例大多数出现肠黏膜脱落、脾脏萎缩。

## 三、诊断要点

以间歇性或持续性腹泻和进行性消瘦为特征，特别是怀孕母羊在产羔后开始发病并出现高死亡率。呈散发或地方性流行，本病要注意与寄生虫性腹泻和其他细菌性腹泻相区别，寄生虫性腹泻和其他细菌性腹泻驱虫治疗或药物治疗后有效，而副结核病引起的腹泻药物治疗无效。

实验室诊断可采用细菌学检查、变态反应检查和ELISA抗体检测。

## 四、病例参考

临床特征为间歇性腹泻和进行性消瘦，随着消瘦而出现贫血和水肿，剖检回肠的肠黏膜显著增厚，肠系膜淋巴结肿大，脾脏萎缩。副结核病羊呈现进行性消瘦见图2-5-8，排出水样、粥样的粪便见图2-5-10，由于腹泻造成肛门松弛、水肿见图2-5-9，眼结膜出现贫血见图2-5-11，剖检回肠肠黏膜显著增厚见图2-5-12和图2-5-13，病羊肠系膜淋巴结显著肿大见图2-5-14，病羊脾脏萎缩见图2-5-15，分离培养的副结核分枝杆菌抗酸染色呈现阳性见图2-5-16。

**五、防控措施**

本病目前尚无有效的治疗方法，也没有安全可靠的疫苗使用。目前有效的防控措施

图2-5-8 副结核病羊呈现进行性
消瘦（朱延旭提供）

图2-5-9 腹泻造成肛门松弛、水
肿（朱延旭提供）

图2-5-10 副结核病羊排出水样、粥样的粪便（朱延旭提供）

图2-5-11 患羊眼结膜苍白
（朱延旭提供）

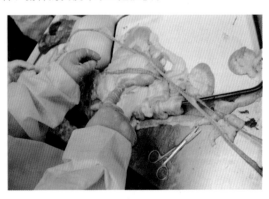

图2-5-12 副结核病羊回肠肠黏膜
显著增厚（朱延旭提供）

图 2-5-13 患羊回肠肠黏膜显著增
厚（放大）（朱延旭提供）

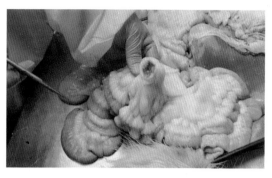

图 2-5-14 患羊肠系膜淋巴结显著
肿大（朱延旭提供）

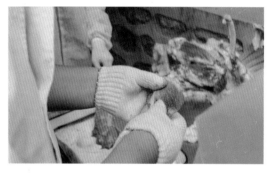

图 2-5-15 副结核病羊脾脏萎缩
（朱延旭提供）

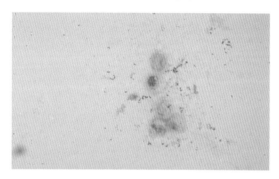

图 2-5-16 抗酸染色呈现阳性
（朱延旭提供）

是定期开展羊群的检疫工作，建议同时使用 ELISA 抗体检测和副结核菌素试验两种方法进行检疫，对阳性羊只要及时淘汰并进行无害化处理。

要加强圈舍消毒工作。常用的消毒剂有漂白粉、火碱、生石灰等。

（辽宁省畜牧科学研究院　朱延旭供稿）

# 第三节　沙门氏菌病

羊沙门氏菌病包括羔羊出血性下痢和孕羊流产两种急性传染病。临床上以羔羊性下痢和怀孕母羊流产为特征。

## 一、病原

本病的病原主要为鼠伤寒沙门氏菌、都柏林沙门氏菌和流产沙门氏菌。本菌为革兰氏阴性短杆菌，一般无荚膜、芽孢，具有周身鞭毛。沙门氏菌对干燥、腐败等具有一定的抵抗力，在水、土壤和粪便中能存活几个月，但对热和化学消毒剂敏感，一般消毒药物如2%氢氧化钠和0.3%过氧乙酸均能将其杀灭。

## 二、症状

1. 下痢型羔羊副伤寒　此类型多见于15~25日龄的羔羊，病初期精神沉郁，低头弓背，发热，体温达到41~42℃，病羊食欲减退，严重的食欲废绝，身体虚弱、卧地不起，数日内死亡。

2. 流产型副伤寒　此类型多见于怀孕3个月之后的母羊，病羊体温升高，达到40~41℃，厌食、精神沉郁，部分羊有腹泻症状，阴道有分泌物流出。病羊产下的活羔羊比较衰弱，并伴有腹泻，一般于1周内死亡。病羊伴发肠炎、胃肠炎和败血症。

## 三、流行病学

本病一年四季均可发生，可发生于不同年龄的羊，主要通过消化道感染为主，自然交配、人工授精及其他途径也能感染，各种不良因素如羊舍潮湿、不洁、密度大等均可促进本病的发生。发病羊和带菌羊是本病的传播源，被污染的环境、饲料、饮水、用具及工作人员也可引起该病的传播。带菌的母羊可通过乳汁排出细菌。

## 四、诊断

根据本病的发病特点、症状，如1月龄内的羔羊发热，食欲减退，排出大量灰黄色糊状粪便，有的排黏性带血的稀粪，出现脱水；妊娠母羊妊娠后期流产、产下弱羔等可初步诊断，确诊需要进行实验室诊断。

## 五、防治

病羊可用敏感性药物进行治疗，如硫酸庆大霉素、土霉素、氟苯尼考、痢特灵、痢菌净。加强预防，加强饲养管理，定期消毒，保持舍内环境清洁，控制舍内湿度、温度，严格控制饲养密度，及时清除粪便，保持通风。发现病羊立即隔离治疗，防止细菌的传播。

（青海省畜牧兽医科学院　简莹娜供稿）

# 第六章

## 肺部疾病类

## 第一节 羊传染性胸膜肺炎

### 一、临床症状

羊传染性胸膜肺炎（Pleuropneumonia）是由多种支原体引起的一种高度接触性羊传染病，以高热、咳嗽，肺和胸膜发生浆液性和纤维素性炎症为特征，急性或慢性经过，病死率较高。病羊为主要的传染源，患病羊肺组织和胸腔渗出液中含有大量支原体，主要通过呼吸道分泌物向外排菌。耐过病羊肺组织内的病原体在相当长的时期内具有活力，这种羊具有散播病原的危险。本病可感染山羊和绵羊，山羊支原体山羊肺炎亚种只感染山羊；绵羊肺炎支原体可同时感染绵羊和山羊。本病常呈地方流行性，在冬春枯草季节，羊只消瘦、营养缺乏以及寒冷潮湿、羊群拥挤等因素可诱发本病。根据病程和临床症状，可分为最急性、急性和慢性3种型。 最急性体温升高达41~42 ℃，呼吸急促有痛苦的叫声，咳嗽并流浆液带血鼻液，病羊卧地不起，四肢伸直；黏膜高度充血、发绀；目光呆滞，不久窒息死亡。病程一般不超过4~5天，有的仅12~24小时。急性型：病初体温升高，随之出现短而湿的咳嗽，伴有浆性鼻涕。按压胸壁表现敏感、疼痛，高热稽留不退，食欲锐减，呼吸困难和痛苦呻吟，眼睑肿胀，流泪或有黏液、脓性眼屎。孕羊大批（70%~80%）流产。病期多为7 ~15天，有的可达1个月左右。慢性型：多见于夏季，全身症状轻微，体温40℃左右，病羊有咳嗽和腹泻，鼻涕时有时无，身体衰弱，被毛粗乱无光，极度消瘦。

### 二、剖检变化

可见一侧肺发生明显的浸润和肝样病变。肺呈红灰色，切面呈大理石样，肺小叶间质增宽，界线明显。胸膜变厚，表面粗糙不平，肺与胸壁发生粘连，支气管干酪样渗出。有的病例中，肺膜、胸膜和心包三者发生粘连。胸腔积有多量黄色胸水。

### 三、诊断要点

根据流行特点、临床表现和病理变化等作出初步诊断。但应与羊巴氏杆菌相区别，可对病料进行细菌学检查鉴别诊断。实验室诊断包括细菌学检查、补体结合试验（国际贸易指定试验）、间接血凝试验（IHA）、乳胶凝集试验（LAT）。

### 四、病例参考

图2-6-1为慢性型羊支原体肺炎、极度消瘦；图2-6-2为肺部有纤维素性胶冻样渗出；图2-6-3为胸腔渗出带有血色的清亮液体；图2-6-4为患羊心包积液；图2-6-5为患羊心包粘连并积液；图2-6-6为胸腔积水；图2-6-7和图2-6-8为肺脏和胸腔粘连；图2-6-9为肺脏实变为"橡皮肺"；图2-6-10和图2-6-11为肺脏纤维素性渗出；图2-6-12为绵羊肺炎支原体间接血凝试验。

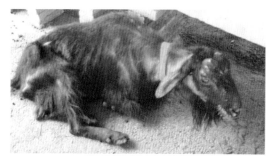

图2-6-1 慢性型羊支原体肺炎、
极度消瘦（张克山提供）

图2-6-2 肺部有纤维素性胶冻样
渗出（金花提供）

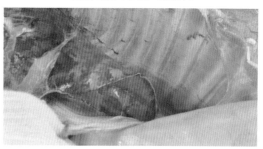

图2-6-3 胸腔渗出带有血色的清亮液体（金花提供）

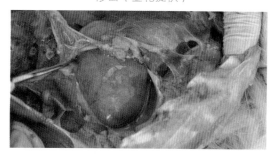

图2-6-4 患羊心包积液（金花提供）

图2-6-5 患羊心包粘连并积液（金花提供）

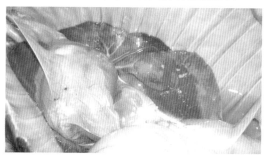

图2-6-6 胸腔积液（马利青提供）

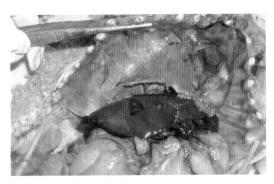

图 2-6-7 胸腔粘连（逯忠新提供）

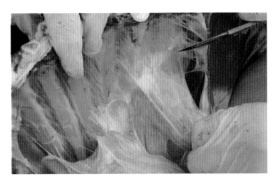

图 2-6-8 肺脏和胸腔粘连（张克山提供）

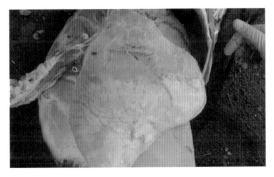

图 2-6-9 肺脏实变为"橡皮肺"（张克山提供）

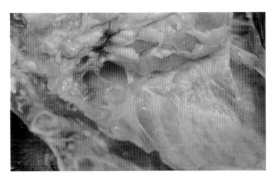

图 2-6-10 肺脏纤维素性渗出（张克山提供）

图 2-6-11 肺脏纤维素性渗出
（张克山提供）

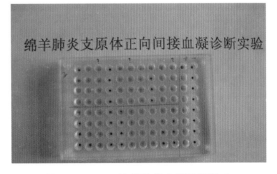

图 2-6-12 绵羊肺炎支原体间接血
凝试验（马利青提供）

### 五、防控措施

除加强一般措施外，关键是防止引入病羊和带菌羊。新引进羊只必须隔离检疫1个月以上，确认健康时方可混入大群。使用疫苗进行免疫接种。本菌对红霉素、四环素、泰乐菌素敏感。发病羊群应进行封锁，对病羊、可疑病羊和假定健康羊分群隔离和治疗；对被污染的羊舍、场地、用具和病羊的尸体、粪便等，应进行彻底消毒或无害处理，在采取上述措施同时须加强护理对症治疗。

（青海省畜牧兽医科学院 简莹娜 马利青供稿）

## 第二节　链球菌病

### 一、临床症状

羊链球菌病人工感染的潜伏期为 3~10 天。病羊体温升高至 41 ℃，呼吸困难，精神不振，食欲低下以至废绝，反刍停止。眼结膜充血、流泪，常见流出脓性分泌物。口流涎水，并混有泡沫。鼻孔流出浆液性脓性分泌物。咽喉肿胀，颌下淋巴结肿大，部分病例可见眼睑、口唇、面颊以及乳房部位肿胀。妊娠羊可发生流产。病羊死前有磨牙、呻吟和抽搐现象。最急性病例 24 小时内死亡，病程一般 2~3 天，很少能延长到 5 天。

### 二、剖检变化

以败血性变化为主，尸僵不显著或者不明显。淋巴结出血、肿大，鼻、咽喉、气管黏膜出血，肺脏水肿、气肿，肺实质出血、肝变，呈大叶性肺炎症状，有时可见有坏死灶。大网膜、肠系膜有出血点。胃肠黏膜肿胀，有的部分脱落。皱胃内容物干如石灰，幽门出血和充血肠管充满气体，十二指肠内容物变为橙黄色。肺脏常与胸壁粘连。肝脏肿大，表面有少量出血点。胆囊肿大 2~4 倍胆汁外渗。肾脏质地变脆、变软、肿胀、梗死，被膜不易剥离。膀胱内膜出血。各脏器浆膜面常覆有黏稠、丝状的纤维素样物质。

### 三、诊断要点

（1）现场诊断。依据发病季节、临床症状、剖检变化，可以作出初步诊断。

（2）实验室诊断。采取心血或脏器组织涂片、染色镜检，可发现带有荚膜、多呈双球状、偶见 3~5 个菌体相连成短链存在。也可将肝脏、脾脏、淋巴结等病料组织制成生理盐水悬液，给家兔腹腔注射，若为链球菌，则家兔常在 24 小时内死亡。取材料涂片、染色镜检，可发现上述典型形态的细菌。同时，也可进行病原的分离鉴定。血清学检查可采用凝集试验、沉淀试验定群和定型，也可用荧光抗体试验快速诊断本病。

（3）类症鉴别。应与炭疽、羊梭菌性痢疾、绵羊巴氏杆菌病相鉴别。炭疽病羊缺少大叶性肺炎症状，病原形态不同；羊梭菌性痢疾无高热和全身广泛出血变化，病原形态有差别；绵羊巴氏杆菌病与羊链球菌病在临床症状和病理变化上很相似，但病原形态不同，前者为革兰氏阴性菌。

### 四、病例参考

其肺部不规则的点状出血详见图 2-6-13，图 2-6-14 为肺部大理石样变；图 2-6-15

为肺部有多样渗出液；图2-6-16肾脏水肿，有点状出血点；图2-6-17气管中充满泡沫；图2-6-18心脏冠状脂肪出血点；图2-6-19组织涂片中散在的链球菌；图2-6-20组织涂片中成链状的链球菌；图2-6-21纯化后的链球菌形态。

图2-6-13　肺部不规则的点状出血
（王启菊提供）

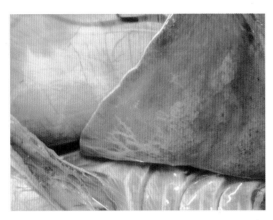

图2-6-14　肺部大理石样变
（王启菊提供）

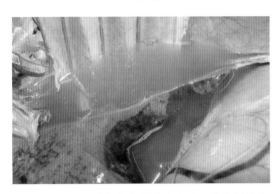

图2-6-15　肺部有多样渗出液（王启菊提供）

图2-6-16　肾脏水肿，有点状出血点（王启菊提供）

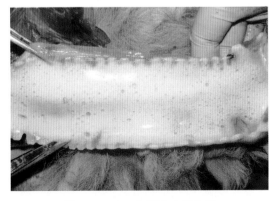

图2-6-17　气管中充满泡沫
（王启菊提供）

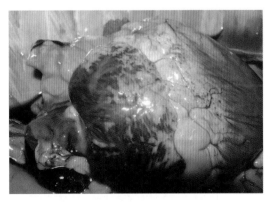

图2-6-18　心脏冠状脂肪出血点
（陆艳提供）

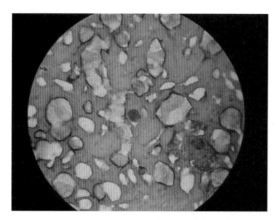

图 2-6-19　组织涂片中散在的链球
菌（马利青提供）

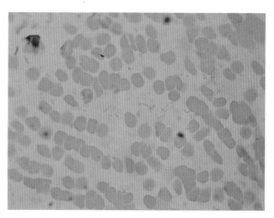

图 2-6-20　组织涂片中成链状的链
球菌（陆艳提供）

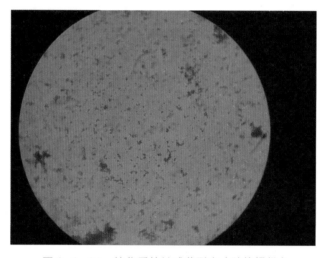

图 2-6-21　纯化后的链球菌形态（陆艳提供）

**五、防治措施**

（1）预防：疫区每年发病季节到来之前，使用羊链球菌氢氧化铝甲醛苗作预防注射，做好夏、秋抓膘，冬、春保膘防寒工作。发病后，及时隔离病羊，粪便堆积发酵处理。羊圈可用 1% 有效氯的漂白粉、10% 石灰乳、3% 来苏尔等消毒液消毒。在本病流行区，病羊群要固定草场、牧场放牧。

（2）治疗：早期应用青霉素、氨苄青霉素、阿莫西林或磺胺类药物治疗。青霉素每次80 万 ~160 万单位，每日肌肉注射 2 次，连用 2~3 天；20% 磺胺嘧啶钠 5~10 毫升，每日肌肉注射 2 次或磺胺嘧啶每次 5~6 克（小羊减半），每日口服 1~3 次，连用 2~3 天。

（青海省畜牧兽医科学院　陆艳　马利青供稿）

## 第三节 绵羊肺腺瘤

### 一、临床症状

绵羊肺腺瘤（Sheep pulmonary adenomatosis，SPA）是由绵羊肺腺瘤病毒引起绵羊的一种慢性、进行性、接触性肺脏肿瘤性疾病，以患羊咳嗽、呼吸困难、消瘦、大量浆液性鼻漏、Ⅱ型肺泡上皮细胞和肺部上皮细胞肿瘤性增生为主要特征，又称绵羊肺癌（或驱赶病）。不同品种、性别和年龄的绵羊均能发病，山羊偶尔发病。通过病羊咳嗽和喘气将病毒排出，经呼吸道传播，也有通过胎盘传染而使羔羊发病的报道。羊群长途运输，尘土刺激，细菌及寄生虫侵袭等均可诱发本病。本病可因放牧赶路而加重，故称驱赶病。3~5 岁的成年绵羊发病较多。病羊早期精神不振，被毛粗乱，逐渐消瘦，结膜呈白色，无明显体温反应。出现咳嗽、喘气、呼吸困难症状。在剧烈运动或驱赶时呼吸加快。病羊后期呼吸快而浅，吸气时常见头颈伸直，鼻孔扩张，张口呼吸。病羊常有混合性咳嗽，呼吸道泡沫状积液是本病的特有症状，听诊时呼吸音明显，容易听到升高的湿性啰音。当支气管分泌物聚积在鼻腔时，则随呼吸发出鼻塞音。若头下垂或后躯居高时，可见到泡沫状黏液和鼻中分泌物从鼻孔流出，严重时病羊鼻孔中可排出大量泡沫样液体（图 2-6-22）。感染羊群的发病率为 2%~ 4%，病死率接近 100%。

图 2-6-22 病羊鼻腔内流出泡沫
（张克山提供）

图 2-6-23 病羊鼻腔内流出的液体（张克山提供）

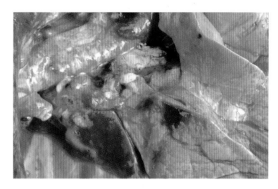

图 2-6-24 肺部表面散在腺体瘤
（马利青提供）

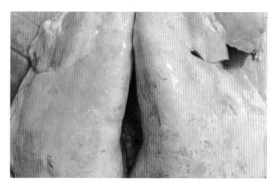

图 2-6-25 病羊肺脏肿大
（张克山提供）

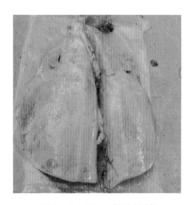

图 2-6-26 病羊肺脏
肿大（张克山提供）

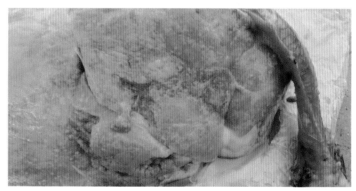

图 2-6-27 病羊肺脏溃烂
（张克山提供）

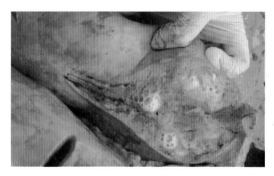

图 2-6-28 病羊支气管泡沫
（张克山提供）

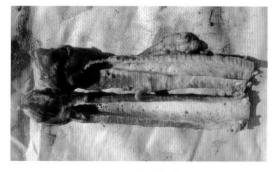

图 2-6-29 病羊气管内泡沫
（张克山提供）

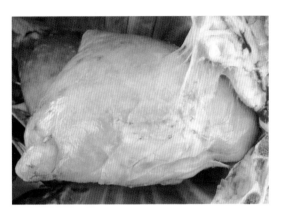

图 2-6-30　肺部跟胸腔粘连
（张克山提供）

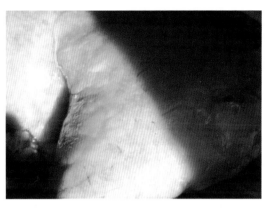

图 2-6-31　感染后肺部颜色变淡，
俗称白肺病（马利青提供）

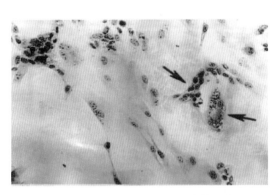

图 2-6-32　细胞病变及合胞体细胞
的形成（简子键提供）

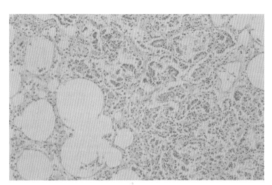

图 2-6-33　Ⅱ型肺泡上皮细胞增生
（200×）（张克山提供）

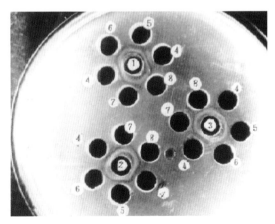

图 2-6-34　琼脂扩散实验
（简子键提供）

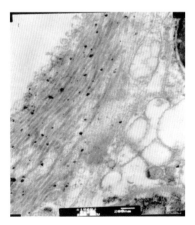

图 2-6-35　投射电镜肺脏胶原纤维
增生（张克山提供）

## 二、剖检变化

剖检变化主要集中在肺脏和气管。病羊的肺脏比正常的大 2~3 倍。在肺的心叶、尖叶和膈叶的下部，可见大量灰白色乃至浅黄褐色结节，其直径为 1~3 厘米，外观圆形、质地坚实，密集的小结节发生融合，形成大小不一、形态不规则的大结节。气管和支气管内有大量泡沫。

## 三、诊断要点

根据病史、临床症状、病理剖检和组织学变化可作出初步诊断。病原学诊断包括特异性病原的检测、动物接种试验和 PCR 技术。本病常与羊巴氏杆菌病、蠕虫性肺炎等的临床症状相似，应注意鉴别诊断。

## 四、病例参考

图 2-6-22 为病羊鼻腔内流出泡沫，图 2-6-23 为病羊鼻腔内流出的液体，图 2-6-24~图 2-6-26 为患羊肺部肿大照片；图 2-6-27 为患羊肺脏溃烂；图 2-6-28 和图 2-6-29 为病羊肺泡及支气管泡沫；图 2-6-30~图 2-6-31 为肺部跟胸腔粘连和白肺病症状；图 2-6-32 为细胞病变及合胞体细胞的形成；图 2-6-33 为 Ⅱ 型肺泡上皮细胞增生；图 2-6-34 为琼脂扩散实验；图 2-6-35 为投射电镜肺脏胶原纤维增生。

## 五、防控措施

本病目前尚无有效疗法和针对性疫苗。发病时病羊全部屠宰并做无害化处理。在非疫区，严禁从疫区引进绵羊和山羊，如引进种羊，须严格检疫后隔离，进行长时间观查，作定期临床检查。如无异常症状再行混群。消除和减少诱发本病的各种因素，加强饲养管理，改善环境卫生。

（中国农业科学院兰州兽医研究所 张克山供稿）

# 第四节　羊巴氏杆菌

## 一、临床症状

羊巴氏杆菌（Pasteurellosis）是由多杀性巴氏杆菌和溶血性曼氏杆菌引起的一种急性、烈性传染疾病，临床表现为败血症和出血性炎症。病羊和带菌羊是本病的主要传染源，本病经呼吸道、消化道和损伤的皮肤感染。也可通过吸血昆虫传染。本病的发生不分季节，但以冷热交替，气候剧变，湿热多雨的春秋季节发病较频繁，呈内源性感染并呈散发或地方性流行。本病多发于羔羊，最急性型多发生于哺乳羔羊，也偶见于成年羊，发病突然，病羊出现寒颤、虚弱、呼吸困难等症状，可在数分钟至数小时内死亡。急性型表现为体温升高到40~42 ℃，呼吸急促，咳嗽，鼻孔常有带血的黏性分泌物排出；病羊常在严重腹泻后虚脱而死。慢性型主要见于成年羊，表现呼吸困难，咳嗽，流黏性脓性鼻液。

## 二、剖检变化

病理变化：死羊剖检可见肺门淋巴结肿大，颜色暗红，切面外翻、质脆。肺充血、淤血、颜色暗红、体积肿大、肺间质增宽、肺实质有相融合的出血斑或坏死灶。肺胸膜、肋胸膜及心包膜发生粘连，胸腔内有橙黄色渗出液，心包腔内有黄色浑浊液体，有的羊冠状沟处有针尖大出血点。

## 三、诊断要点

根据流行病学、临床症状、病理变化和组织学特征可作出初步诊断。病原学诊断包括染色镜检、分离培养和生化鉴定。

## 四、病例参考

图 2-6-36 巴氏杆菌肺炎；图 2-6-37 巴氏杆菌肺炎；图 2-6-38 慢性巴氏杆菌病羊消瘦；图 2-6-39 巴氏杆菌病羊腹泻。

## 五、防控措施

加强饲养管理，坚持自繁自养，羊群避免拥挤、受寒和长途运输，消除可能降低机体抗病力的因素，羊舍、围栏要定期消毒。治疗药物有庆大霉素、四环素以及磺胺类药物。

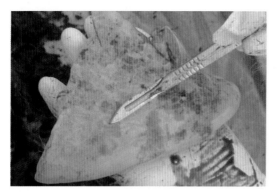

图2-6-36　巴氏杆菌肺炎
（张克山提供）

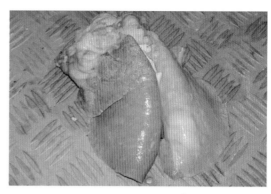

图2-6-37　巴氏杆菌肺炎
（张克山提供）

图2-6-38　慢性巴氏杆菌病羊消瘦
（张克山提供）

图2-6-39　巴氏杆菌病羊腹泻
（张克山提供）

（中国农业科学院兰州兽医研究所　张克山供稿）

## 第一节 羊施马伦贝格病

### 一、临床症状

羊施马伦贝格病（Schmallenberg Disease）是由施马伦贝格病毒感染引起的羊的一种新型病毒性传染病，病羊临床表现为发热、腹泻、乏力等症状，导致母羊早产或难产。该病毒首次检出地位于德国的施马伦贝格镇，故被命名为施马伦贝格病毒。该病毒为虫媒病毒，主要通过蚊子和蠓为载体进行传播，可以感染牛和羊。目前的研究结果表明该病毒不能在动物与动物间水平传播，可以垂直传播。病羊表现为发热、腹泻、乏力等临床症状，母羊产死胎或是有严重缺陷的幼畜，表现为新生幼畜出现畸形、小脑发育不全、脊柱弯曲、关节无法活动以及胸腺肿大等症状，幼畜多数在出生时就已经死亡，这一病症在绵羊中最为常见，而母羊并没有明显的感染症状，该病多发于羔羊出生的高峰季节。

### 二、剖检变化

剖检可见脑部出血、积水，病理切片显示，被病毒感染的羔羊脊髓部出现明显的神经元缺失。

### 三、诊断要点

根据流行特点、临床症状和病变可作出初步诊断，实验室确诊方法有 RT-PCR、病毒中和试验以及间接免疫荧光检测。

### 四、病例参考

图 2-7-1 为因病毒感染而死亡的羔羊；图 2-7-2 为新生羔羊关节弯曲，后肢变形；图 2-7-3 为新生羔羊颈部倾斜；图 2-7-4 为羔羊严重的短额；图 2-7-5 为因病毒感染而死亡的羔羊；图 2-7-6 为病毒感染羔羊脑出血；图 2-7-7 为病毒感染的羔羊颅腔剖检；图 2-7-8 为感染新生羔羊脊髓部病理切片。

图 2-7-1 因病毒感染而死亡的羔
羊（F.J.Conraths 提供）

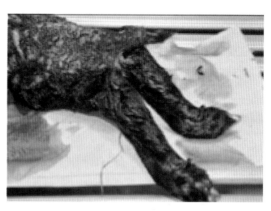

图 2-7-2 新生羔羊关节弯曲，后
肢变形（L.Steukers 提供）

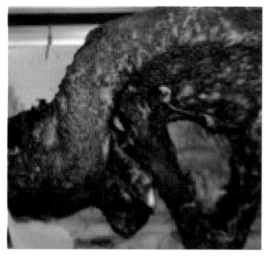

图 2-7-3 新生羔羊颈部倾斜
（L.Steukers 提供）

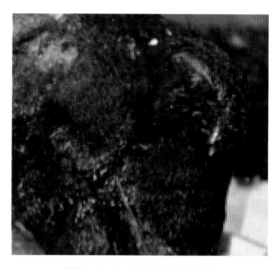

图 2-7-4 羔羊严重的短额
（L.Steukers 提供）

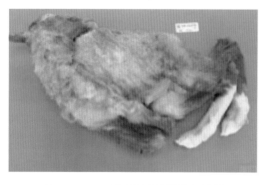

图 2-7-5 因病毒感染而死亡的羔
羊（F.J.Conraths 提供）

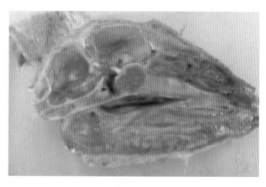

图 2-7-6 病毒感染羔羊脑出血
（F.J.Conraths 提供）

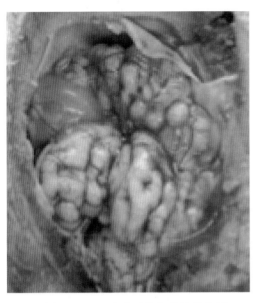

图2-7-7　病毒感染的羔羊颅腔剖
检（F.J.Conraths 提供）

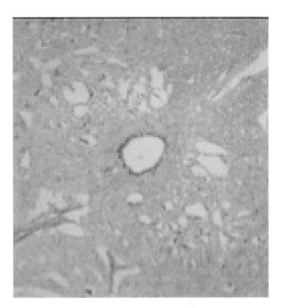

图2-7-8　感染新生羔羊脊髓部病
理切片（L.Steukers 提供）

### 五、防控措施

本病目前无针对性防制技术产品，春季母羊产羔期过后，蚊虫密度较高的夏季是危险期，特别是欧洲已经暴发疫情，要加大检验检疫力度，防止外源性传入。

（中国农业科学院兰州兽医研究所　张克山供稿）

## 第二节　梅迪与维斯纳病

### 一、临床症状

梅迪与维斯纳病，是由梅迪与维斯纳病毒引起的绵羊的一种慢性病毒病，其特征为病程缓慢，进行性消瘦和呼吸困难，因此也称为绵羊进行性肺炎。梅迪与维斯纳病毒潜伏期长，一般接触病毒 1 ~ 3 年或更长时间才出现临床症状。绵羊表现为消瘦、进行性呼吸困难、干咳，有时出现发热、精神沉郁和支气管炎，有的还表现出关节炎和间质性乳房炎症状。此外，有些病例表现为进行性共济失调、肌肉震颤、瘫痪和四肢麻痹等神经系统症状。这些临床表现可持续 1 年左右，患病动物往往死于营养不良或继发性肺部感染，死亡率一般为 20%~30%。

### 二、诊断要点

（1）通过临床症状作出初步诊断：当 2 岁龄以上的羊只出现慢性消耗性疾病、呼吸困难、神经症状、间质性乳房炎和关节炎等症状时可怀疑是该病。

（2）实验室诊断：可采集脾脏和淋巴结送专业的兽医诊断实验室，开展核酸检测，也可以采集血清进行酶联免疫吸附试验（ELISA）。

（3）鉴别诊断：当绵羊呈现慢性肺炎症状时，需与肺腺瘤病、蠕虫性肺炎、肺脓肿等相鉴别；当呈现神经症状时，需考虑与脑部寄生虫、痒病等加以鉴别。

图 2-7-9　肺脏组织可见淋巴样组织增生（王光华提供）

### 三、病例参考

肺脏组织可见大量的淋巴样组织增生，与正常绵羊相比病羊肺脏体积增大、重量增加、肺脏硬化并呈灰红色。肺脏组织可见淋巴样组织增生，见图 2-7-9。

### 四、防控措施

目前，该病尚无有效治疗药物和方法。必须坚持不从疫区引进种羊。在实验室诊断证明有该病存在时，应扑杀病羊及其接触羊只，圈舍和饲养管理用具必须用2%氢氧化钠溶液彻底消毒，污染的牧场应该停止放牧1个月以上。对于该病的根除，应该从羔羊饲养管理开始，保证羔羊出生后采用未感染梅迪与维斯纳病毒的初乳或代乳料喂养，羊群定期开展病毒检测，血清阳性羊只应立即淘汰。

（青海省畜牧兽医科学院　王光华供稿）

# 第三节　羊传染性角膜结膜炎

### 一、临床症状

羊传染性角膜结膜炎（Keratoconjunctivitis）是由鹦鹉热衣原体引起的羊的一种急性接触性传染病，其临床特征为患病动物眼结膜和角膜有明显的炎症。病羊和带菌羊是该病的主要传染源，病原多分布于患羊的结膜囊、鼻泪管和鼻分泌物中，随眼分泌物排菌，病愈后，病原仍长期存在于眼分泌物中。同种动物可通过直接或密切接触而传播。绵羊、山羊、牛、猪、骆驼和鹿等均易感，不分性别和年龄，幼年动物发病较多。本病主要发生于天气炎热和湿度较高的夏秋两季，其他季节发病率相对较低。另外不同来源的山羊、绵羊群体集中在一起饲养，也容易发生该病。一旦发病，传播迅速，多呈地方流行。病初患羊眼羞明、流泪，眼睑肿胀，结膜潮红，角膜周围血管充血，并有黏液性脓性分泌物。多数病例初期为一侧患病，后为双眼感染。一般无全身症状，很少有发热现象，但眼球化脓时，常伴有体温升高，食欲减退，精神沉郁和泌乳量减少等现象。有的导致角膜炎，角膜云翳，角膜白斑甚至失明。

### 二、剖检变化

镜检可见结膜固有层纤维组织充血、水肿和炎性细胞浸润，纤维组织疏松，呈海绵状。上皮变性、坏死或程度不同的脱落。角膜有明显炎症细胞。

### 三、诊断要点

根据病羊眼部病变的临床症状，以及传播速度和发病季节，可以初步诊断。可作微生物学检查、凝集反应试验、间接血凝反应试验、补体结合反应试验及荧光抗体试验确诊。本病要与恶性卡他热、维生素A缺乏症引起的角膜结膜炎相区别。

### 四、病例参考

图2-7-10为角膜结膜炎；图2-7-11为角膜结膜炎继发感染；图2-7-12为角膜结膜炎；图2-7-13为角膜结膜炎；图2-7-14为翻开眼结膜潮红。

### 五、防控措施

隔离患病羊，对污染的场地、用具、栏舍加强消毒；严禁从疫区引进羊只，必要时引进的羊应隔离观察至少15天，确认无病后方可混群；本病尚无有效疫苗用于预防。羊群发病首先隔离病羊，实行圈养，防止蚊虫叮咬，保持圈舍清洁卫生，并做好消毒措施。最

图2-7-10 角膜结膜炎
（张克山提供）

图2-7-11 角膜结膜炎继发感染
（张克山提供）

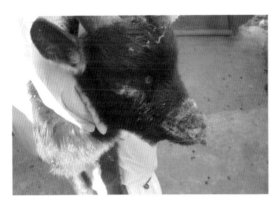

图2-7-12 角膜结膜炎
（张克山提供）

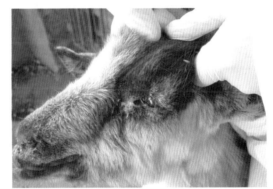

图2-7-13 角膜结膜炎
（张克山提供）

图2-7-14 翻开眼结膜潮红（李生福提供）

好将病羊放入黑暗处，避免强光线刺激。治疗用 2%~5% 硼酸溶液或 0.01% 呋喃西林溶液等冲洗患眼，拭干后用3%~5% 弱蛋白银溶液滴入结膜囊内，每天 2~3 次。如果病羊眼结膜炎很严重，为防止失明，将朱砂粉吹入眼内，同时配合抗菌素粉，可以取得较好的治疗效果。

（中国农业科学院兰州兽医研究所 张克山供稿）

第四节 腐蹄病

## 一、腐蹄病

腐蹄病是羊、牛、猪、马都能够发生的一种传染病，其特征是局部组织发炎、坏死。因为病常侵害蹄部，因而称"腐蹄病"。此病在我国各地都有发生，尤其在西北的广大牧区常呈地方性流行，对羊只的健康危害很大。

### 1. 病原

山羊方面的报道，所有腐蹄病的病例都与感染结节梭形杆菌（Fusiforrnis nodosus）有关。牧场的湿度与病的分布有很大关系，全世界的干旱地区很少发生。湿度的影响是能使蹄壳的角质软化，便于细菌的穿人，结节梭形杆菌可在被感染羊的蹄壳上存在多年，这一点在该病的控制上非常重要。

在羊蹄之外的生存超不过10天，在土壤中也不能增殖。因此，惟一的长期传染源乃是患腐蹄病的羊。其次，涉及的病菌还有坏死梭形杆菌（Fusiformis necrophorus）和羊肢腐蚀螺旋体（Spirochaeta penortha）；大多数科学家认为，本病是由坏死梭形杆菌与结节梭形杆菌共同起作用而引起的。

在未经治疗的病例中，一些继发性细菌如化脓棒状杆菌，链球菌、葡萄球菌以及大肠杆菌都可以侵入，而引起严重的灾难性的后果，并导致蛆的侵袭。

### 2. 病的传染

本病常发生于低湿地带，多见于湿雨季节。细菌通过损伤的皮肤侵入机体。羊只长期拥挤，环境潮湿，相互践踏，都容易使蹄部受到损伤，给细菌的侵入造成有利条件。

泥泞潮湿而排水不良的草场可以成为疾病暴发的因素，但如草场及泥湿环境没有生活达14天的微生物，而且蹄子未被潮湿浸软或没有损伤则不易发病。

腐蹄病是一种急性传染病，如果不及时控制，可以使羊群100%的受到传染，甚至可传染给正在发育的羔羊。

### 3. 症状

病初患羊轻度跛行，多为一肢患病。随着疾病的发展，跛行变为严重。如果两前肢患病，病羊往往爬行；后肢患病时，常见病肢伸到腹下。进行蹄部检查时，初期见蹄间隙、蹄匣和蹄冠红肿、发热，有疼痛反应，以后溃烂，挤压时有恶臭的脓液流出。更严重的病例，引起蹄部深层组织坏死，蹄匣脱落，病羊常跪卜采食。

有时在绵羊羔中引起坏死性口炎，可见鼻、唇、舌、口腔甚至眼部发生结节、水疱，以后变成棕色痂块。有时由于脐带消毒不严，也可以发生坏死性脐炎。在极少数情况下，可以引起肝炎或阴唇炎。

病程比较缓慢，多数病羊跛行达数十天甚至数月。由于影响采食，病羊逐渐消瘦。如不及时治疗，可能因为继发感染而造成死亡。

4. 病例参考

其临床症状详见图2-7-15，图2-7-16为趾关节脓肿；图2-7-17为引起蹄部冠部的溃疡；图2-7-18为蹄部溃疡；图2-7-19为附关节脓肿；图2-7-20为穿刺趾间脓包，有脓汁流出。

5. 诊断

在常发病地区，一般根据临床症状（发生部位、坏死组织的恶臭味）和流行特点，即可作出诊断。在初发病地区，为了进行确诊，可由坏死组织与健康组织交界处用消毒小匙刮取材料，制成涂片，用复红—美蓝染色法染色，进行镜检。

图2-7-15 趾关节脓肿
（宋永武提供）

图2-7-16 趾关节脓肿
（宋永武提供）

图2-7-17 引起蹄部冠部的溃疡
（宋永武提供）

图2-7-18 蹄部溃疡
（李稳欣提供）

图 2-7-19 附关节脓肿
（乔海生提供）

图 2-7-20 穿刺趾间脓包流出脓汁
（李稳欣提供）

如从口腔病变处取材，可用黏膜覆盖物及唾液直接涂片。若无镜检条件，可以将病料放在试管内，保存在 25%~30% 灭菌的甘油生理盐水中，送往实验室检查。

复红—美蓝染色法：

（1）将涂片自然干燥，用 20% 福尔马林酒精固定 10 分钟。

（2）用复红—美蓝溶液染色 30 秒。复红—美蓝溶液的配制方法为：碱性复红 0.15 克，纯酒精 20.0 毫升，结晶石炭酸 10.0 克，1.2% 美蓝蒸馏水溶液 200.0 毫升，混合均匀，滤过，保存备用。

（3）水洗，镜检。坏死杆菌菌体形态和节瘤拟杆菌菌体形态分别见图 2-7-21 和 2-7-22。

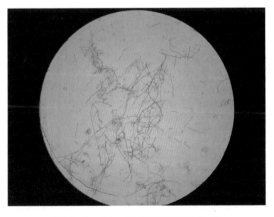

图 2-7-21 坏死杆菌菌体形态
（陆艳提供）

图 2-7-22 节瘤拟杆菌菌体形态
（李稳欣提供）

### 6. 预防

（1）消除促进发病的各种因素。

① 加强蹄子护理，经常修蹄，避免用尖硬多荆棘的饲料，及时处理蹄子外伤；

② 注意圈舍卫生，保持清洁干燥，羊群不可过度拥挤；

③ 尽量避免或减少在低洼、潮湿的地区放牧。

（2）当羊群中发现本病时，应及时进行全群检查，将病羊全部隔离开进行治疗。对健康羊全部用 30% 硫酸铜溶液或 10% 福尔马林进行预防性浴蹄。对圈舍要彻底清扫消毒，铲除表层土壤，换成新土。对粪便、坏死组织及污染褥草彻底进行焚烧处理。如果患病羊只较多，应该倒换放牧场和饮水处；选择干燥牧场，改到沙底河道饮水。停止在污染的牧场放牧，至少经过 2 个月以后再利用。腐蹄病专业药浴池及现场详见图 2-7-23。

图 2-7-23　腐蹄病药浴（李剑提供）

（3）注射抗腐蹄病疫苗"Clovax"。最初注射 2 次，间隔 5~6 周。以后每 6 个月注射 1 次。疫苗效果很好，但只有在最好的管理条件下才能达到 100% 的效果。该疫苗亦可用于治疗，但其主要作用还是作为部分预防措施，最重要的是要同良好的管理相结合。由于疫苗很贵，畜主一般只是用于公羊。对死羊或屠宰羊，应先除去坏死组织，然后剥皮，待皮、毛干燥以后方可外运。

### 7. 治疗

首先进行隔离，保持环境干燥。然后根据疾病发展情况，采取适当治疗措施。

（1）除去患部坏死组织，到出现干净创面时，用食醋、4% 醋酸溶液、1% 高锰酸钾溶液、3% 来苏尔或双氧水冲洗，再用 10% 硫酸铜溶液或 6% 福尔马林溶液进行浴蹄。如羊群大批发生，可每日用 10% 龙胆紫或松馏油涂抹患部。

（2）若脓肿部分未破，应切开排脓，然后用 1% 高锰酸钾溶液洗涤，再涂搽浓福尔马林溶液，或撒以高锰酸钾粉。

（3）除去坏死组织后，涂以 10% 氟苯尼考酒精溶液，也可用青霉素水剂（每毫升生理盐水含 100~200 国际单位）或油乳剂（每毫升油含 1 000 国际单位）局部涂抹。对于严重的病羊，例如有继发性感染时，在局部用药的同时，应全身用磺胺类药物或抗生素，其中以注射磺胺嘧啶或土霉素效果最好。

（4）在肉芽形成期，可用 1：10 土霉素、甘油进行治疗；肉芽过度增生时，可涂用 10% 卤碱软膏或撒用卤碱粉。为了防止硬物的刺激，可给病蹄包上绷带。

（5）中药治疗。可选用桃花散或龙骨散撒布患处。

桃花散：陈石灰 500 克、大黄 250 克。先将大黄放入锅内，加水 1 碗，煮沸 10 分钟，再加入陈石灰，搅匀炒干，除去大黄，其余研为细面撒用。有生肌、散血、消肿、止痛之效。

龙骨散：龙骨 30 克、枯矾 30 克、乳香 24 克、乌贼骨 15 克，共研为细末撒用，有止痛、去毒、生肌之效。

（青海省祁连县畜牧兽医工作站 李剑提供）

### 二、肝肺坏死杆菌病

肝肺坏死杆菌病可发生于各种年龄的绵羊和山羊，特别是 1~4 月龄的羔羊发病较多，死亡率很高。剖检特征为肝脏和肺脏上散布着大量的坏死病灶，是群众俗称"羊烂肝肺病"之一。该病引起羊只成批死亡，给养羊业带来很大的损失。

#### 1. 病原

病原为坏死杆菌（*Fusobacterium necrophrum*），专性厌氧，不形成芽孢，是多形态的革兰氏阴性菌，在组织中生成丝状，产生很强的毒素，易引起凝固性坏死。细菌广泛分布于羊只居住的场所，抵抗力不强，易被一般化学药品杀死。

#### 2. 病的传染

细菌可通过三个途径到达肝脏，进而转移到肺脏和其他器官。

（1）由脐带通过门脉循环侵入肝脏。羔羊可因脐带感染而发病，在肝脏坏死组织抹片上可发现大量坏死杆菌，用肝病变组织接种兔子很容易证实坏死杆菌的存在。在 3 日龄死亡羔羊的肝脏上，发现典型的坏死病灶就是一个证明。

（2）为羊口疮的继发感染。陕北羊肝肺坏死杆菌病，大部分是羊传染性脓疱坏死性皮炎（口疮）造成的继发性感染。当羊患口疮时，由唇和口腔损伤处混入唾液中的病毒进入瘤胃，在有损伤的地方，病毒侵入表层细胞，连续产生水疱、小脓疱和溃疡，在固有层引起急性炎症。坏死杆菌为瘤胃中的常在菌，即由此进入黏膜固有层，侵入门静脉到达肝脏。在此产生毒素和杀白细胞素，迅速生长的坏死杆菌能够造成静脉血栓和组织坏死。

（3）是在前胃炎基础上的继发感染。这种情况多发生于肥育期羔羊，由于精料增加过快而引起瘤胃炎—肝脓肿综合征（Rumenitis-liver abscess complex）。在严重的酸中毒时，前胃中 pH 值达到 3.8~4.3，这个酸度可以引起表皮细胞坏死、起疱和出血，引起固有层发炎，给坏死杆菌造成入侵机会。

### 3.症状

羔羊出生后健康状况良好,数天后,或1周内突然不愿吃奶,精神沉郁,不愿走动,并很快死亡。发病死亡最早年龄为生后第3天。患病最多的是4个月以内的羔羊,成年羊得此病的很少。发病羊群多数患有口疮,具有典型的口疮病变。如有坏死杆菌入侵,病情变得十分复杂。多数表面覆盖一层很厚的灰黄色假膜,下面大面积溃烂,少数舌尖烂掉,门齿脱落。坏死组织不易取下,气味恶臭,病变周围组织肿胀坚硬。病羊口腔多涎,由于疼痛不愿采食,迅速消瘦。一般体温正常,继发感染严重者体温高达41 ℃。也有部分病例没有口疮,仅精神委顿,不愿吃奶,行动缓慢或呼吸急促,甚至张口喘气,数日之内发生死亡。其临床症状详见图2-7-24。

### 4.剖检

肝脏质地较硬,均匀散布着蚕豆至胡桃大的坏死病灶,颜色灰白,周围有红晕,界限明显。肝脏表面的病变常使与腹腔接触的器官发生纤维素性炎症;肺脏变实,有大小不等的白色坏死病灶,有的切面呈脓样或干酪样,有的切面干燥,病变处常和胸壁粘连,形成坏死性胸膜炎和心包炎;心脏肌肉散在着米粒大的圆形坏死灶,呈白色;瘤胃常有坏死病灶,分布在食道沟和前腹,其病变似豆腐渣样,周围由高出的上皮包围;坏死病灶还涉及胸骨、气管及喉头等处。

### 5.参考病例

图2-7-24为患肝肺坏死杆菌病的羔羊;图2-7-25为肝脏中有干酪样坏死结节;图2-7-26为患羊关节腔有脓肿;图2-7-27为肝脏表面形成的脓包;图2-7-28为脓包已经形成钙化灶。

### 6.诊断

单纯的肝肺坏死杆菌病,由于发病初期症状不很明显,不易做出诊断。根据剖检发现肝肺典型坏死病灶,用病变组织直接涂片,以复红—美蓝染色,发现大量淡蓝色、着色

图2-7-24 患肝肺坏死杆菌病的羔羊
（胡蓉提供）

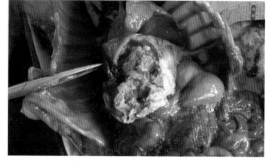

图2-7-25 肝脏中有干酪样坏死结节
（胡蓉提供）

不均的长丝状菌，即可作出诊断。必要时可接种兔子，分离细菌进行确诊。其菌落形态和菌体特征详见图2-7-29和图2-7-30。

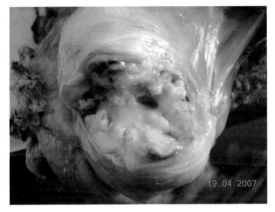

图2-7-26　患羊关节腔有脓肿
（胡蓉提供）

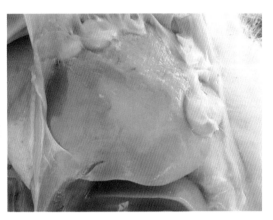

图2-7-27　肝脏表面形成的脓包
（胡蓉提供）

图2-7-28　脓包已经形成钙化灶（胡蓉提供）

图2-7-29　坏死杆菌的菌落形态（马利青提供）

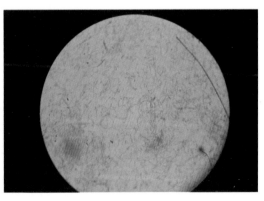

图2-7-30　坏死杆菌的菌体形态（马利青提供）

**7. 预防**

只要严格执行预防措施，肝肺坏死杆菌病是可以防止的。为了预防本病的发生，应该做到以下几点。

（1）在羊只分娩之前，将圈舍打扫干净，进行消毒，垫以清洁新鲜的干草。

（2）羔羊出生后，用碘酊消毒脐带。对群饲羔羊及时接种口疮疫苗。

（3）如果已经发生了口疮，要及时治疗，减少继发感染机会。

陕北发生的羊肝肺坏死杆菌病，多数是口疮的继发感染。只要对患口疮的病羊用5%碘酊或石炭酸甘油涂搽，就可以预防继发感染。

① 碘酊配方：

碘片5.0克、碘化钾10.0克、75%酒精100.0毫升，每日涂搽1~2次。

② 石炭酸甘油配方：

石炭酸2份、甘油1份、食盐少量，混匀溶解，每日涂搽1~2次。

（4）由粗饲草改变为精饲料时，要逐渐进行，以防前胃炎的发生。

**8. 治疗**

如果已经发生了肝肺坏死杆菌病（发现体温持续升高），只要用抗生素（如青霉素）或磺胺药及时治疗，可以获得满意效果。

（青海省刚察县畜牧兽医工作站 宋永武供稿）

# 第五节  破伤风

破伤风（Tetanus）又名强直症，俗称锁口风，是由破伤风梭菌经伤口感染，在局部繁殖产生外毒素所致的一种人畜共患的急性传染病。特征是骨骼肌持续性痉挛和对刺激反射兴奋性增高。

## 一、病原

破伤风梭菌（*Clostridum tetani*）亦称强直梭菌，菌体细长（（0.3~0.5）微米 ×（4~8）微米），单在芽孢位于一端似网球拍。不形成荚膜。十个血清型除 VI 型菌株无鞭毛，其余九型均为周毛菌。革兰氏染色阳性。

本菌能产生三种外毒素；破伤风痉挛毒素作用于神经细胞，引起持续性的强制症状；破伤风溶血毒素能溶解红细胞，引起局部组织坏死，为该菌生长繁殖创造条件，非痉挛毒素对病理末梢有麻痹作用，其它毒性尚不清楚。后二者对破伤风的发生只有微小意义。

破伤风梭菌广泛存在于土壤中，还存在于动物（如马类）的消化道。其繁殖体的抵抗力与其它细菌相似，但芽孢的抵抗力较强，在土壤中可生存数十年，煮沸、5% 石炭酸、10% 漂白粉经 10~15 分钟才被杀死，3% 福尔马林需经 24 小时才被杀死。本菌对青霉素敏感。

## 二、流行病学

马属动物最易感，猪、羊、牛次之，犬、猫发病的少见，家禽自然发病者极为罕见。实验动物豚鼠最易感，小白鼠次之。人也很易感。

自然感染通常是由伤口感染了含有破伤风梭菌芽孢的物质引起。

本病通常表现为散发。幼畜脐带污染或去势、断尾、剪毛也可能引发。凡能降低自然抵抗力的外界影响，如受凉、过热及重役等均能促进本病的发生。

## 三、发病机理

经伤口感染的破伤风梭菌，在组织的氧化还原电势降低时生长繁殖。破伤风痉挛毒素主要通过外周神经纤维间的空隙传递到中枢神经系统，也可通过淋巴、血液途径到达中枢神经系统。破伤风痉挛毒素对神经细胞有高度的亲和力，与其结合后不易被抗毒素中和。由于毒素对脊髓抑制性突触的封闭作用，抑制性冲动的传递介质的释放受阻，从而阻抑了上、下神经元之间的正常抑制性冲动的传递，结果导致兴奋性异常增高和骨骼肌痉挛。

由于肌肉的强直性痉挛和对刺激的反射兴奋性增高，病畜表现惊恐不安，不能采食和饮水，排便困难，患畜发生脱水和自体中毒以及肺脏机能障碍呼吸困难，最后窒息而死或因误咽而继发异物性肺炎致死亡。

### 四、症状

本病的潜伏期一般为1~2周。各种家畜的临床症状不相同。病畜主要的临床表现是骨骼肌的强直性痉挛及对刺激反射性增高。肌肉痉挛通常由头部开始，然后波及其余肌群，引起全身的强制性痉挛。

马属动物病初咀嚼和吞咽缓慢，运步有强拘，随后发生全身僵直，咬肌痉挛致咀嚼不自如，重者牙关紧闭，咽肌痉挛致吞咽困难，食物滞留口内而难于嚥下、流涎。耳肌、动咬肌、鼻肌等痉挛，致双耳竖立、瞳孔扩大，眼睑半闭，或瞬膜露出，鼻孔开张呈喇叭状，加上口角向外上方昂起而表现高度惊恐的特殊面容。病马头颈伸直，凹脊，尾根高举，腹部紧缩。四肢僵硬开张，形如木马。病马运步困难，时而跌倒。神志清楚，但对刺激的反射兴奋性增高，即使轻微刺激（音响及触摸等）可使病马惊恐不安，痉挛及大量出汗。病马还表现为呼吸浅表或困难，排粪迟滞或便秘，末期的有心动亢进及心率不齐，而后窒息而死。病程一般为3~10天。致死率80~100%。如口松涎少，肌肉强直症状较轻，并稍能进食。经两周不死者预后良好而多数可治愈。

### 五、病例参考

其临床症状详见图2-7-31患破伤风后患羊呈现典型的木马样姿势；图2-7-32为患破伤风后的病死羊。

### 六、诊断

根据特殊的临床症状，如反射兴奋增高，骨骼肌强直，体温正常，神志清醒，并多有创伤史，比较容易诊断。

当临诊诊断难以确诊时，可采取患畜血0.5毫升注射小白鼠臀部肌肉，一般在注射

图2-7-31 患破伤风后的患羊
（耿刚提供）

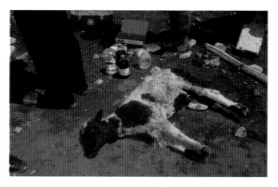

图2-7-32 患破伤风后的病死羊
（耿刚提供）

18 小时后出现破伤风症状，即可确诊。

应注意与马前子中毒的急性肌肉风湿症鉴别，马前子中毒的兴奋性增高的肌肉强直现象与破伤风相似，但痉挛的发生迅速，且是间断性的，而且死亡或痊愈均快。急性肌肉风湿症仅表现局部肌肉僵硬，触之有痛感和肿胀，体温升高 1 ℃以上，但无对刺激反射兴奋性增高。牙关紧闭，两耳竖立，尾高举，反瞬膜露出等现象，可用水杨酸钠制剂治疗。

## 七、治疗

预防本病主要靠免疫接种和防止外伤。在发病较多的地区，每年定期给家畜用精制破伤风类毒素进行预防接种，大家畜皮下注射 1 毫升，幼畜减半。注射后 3 周产生免疫力，免疫期为 1 年，第二年再注射 1 次，免疫期可持续 4 年。由于本病是经创伤感染的，平时要防治外伤，一旦发生外伤，应注意伤口消毒。在进行去势、断尾和其它外科手术时，应进行无菌操作和加强术后护理。有条件时手术后注射破伤风抗毒素（成年马 2 万 ~4 万单位，幼驹减半）或提前 1 个月注射破伤风类毒素。破伤风的治疗应采取综合措施，其中包括创伤处理、药物治疗和加强护理。

1. 创伤处理。为消除产生破伤风毒素的源泉，彻底排出脓汁，清除异物和坏死组织，并用消毒药液（如 3% 过氧化氢溶液、2% 高锰酸钾溶液）冲洗，还可用大剂量的青霉素5 000 国际单位 / 千克，进行创伤周围注射。

2. 药物治疗，为了中和尚未与神经组织结合的破伤风毒素，应用破伤风抗毒素 50 万 ~80万单位 1 次静脉注射。马可选用 25% 硫酸镁溶液 100 毫升静脉注射以镇痉。上述特异治疗和对症治疗的两药可混于 500 毫升复方氯化钠注射液中 1 次静脉滴注。然后根据需要，结合补糖、补液应用硫酸镁解痉；或硫酸镁单独注射，但必须缓慢注射，以免呼吸麻痹而造成死亡。

中药治疗可选用中成药千金散，或应用浮泽发汗散，处方如下。

浮泽 50 克、当归 50 克、羌活 50 克、麻黄 30 克、桂枝 30 克、防风 30 克、荆芥 30克、川芎 50 克、蝉蜕 50 克、什麻 30 克、白芷 30 克、胡产 15 克、乌蛇 50 克共研磨加水胃管投服。每天 1 付，第 1 天加黄酒 500 毫升以促其发汗，第 2 天加蜂蜜 250 克以清肺润肠，一般投药 3 付，通过发汗利尿，使破伤风毒素从汗解、从尿泄，结合伤口处理和护理，均可痊愈。加强护理：应避免刺激，给于易消化的饲料和充足的饮水甚为重要。重症者宜用吊带吊起以防跌倒，对恢复期病畜予以牵溜可促进肌肉恢复功能。

（青海省畜牧兽医科学院　王光华供稿）

# 第六节 山羊传染性无乳症（干奶病）

乳用山羊在青海省海西地区数量较多，这个地区有一种叫"干奶病"，就是发病之后泌乳停止或减少，一般也叫传染性无乳病。这种病是一种较慢性的疾病，历史悠久，防治困难，至今仍然常见，引起一定损失。

## 一、流行情况

干奶病发病率高，差不多疫区的产奶山羊或迟或早地都要感染此病。只有少数小群放牧或个体饲养者除外，一般在初次产羔第一个泌乳期发生最多，当感染此病后次年产羔时此病就大大减少，这可能是在第一个挤奶期患病后产生一定的免疫力，在第二泌乳挤奶期表现有抵抗力缘故。传染的途径很可能是通过挤奶而感染。人工感染很容易用皮下或静脉注射方法引起干奶病，皮下注射病奶也能引起干奶病，病原在乳汁中（不腐败时）可保存3个月之久，患病后的山羊在较长时间（最少2个月）内可以从乳腺中分离出病原体。

## 二、病状

病羊无明显的体温反应，主要病状是感染后5~15天之内发生"干奶"现象，就是产奶减少或停止，一般病初乳汁变清，泌乳减少，以后乳汁变浓稠，有的则混有块状物质，乳汁变碱性，一般乳房肿大不明显，触之有变硬感觉或有硬块触及，一般双侧乳房发病，少数为一侧发病一侧正常，最后乳腺萎缩，泌乳停止，大部分病羊可恢复泌乳能力，但产奶量大大减少。当在干奶病发生时同时有其他化脓性细菌感染则造成乳腺化脓和脓肿。

除了"干奶"这一变化之外，有的发生眼炎、羞明、流泪，或有眼眦流出，角膜浑浊及失明等表现，也有发生关节炎，常见的为前肢腕关节发生肿胀，有跛行，切开肿胀的关节，可见结缔组织增生，并有黄色黏性胶样物质浸润。常不易痊愈。

干奶病除消瘦外一般不引起死亡，但如发生眼炎和关节炎时常造成死亡。主要是产奶减少而造成较大的损失。

## 三、病原特性

病原体是胸膜肺炎类微生物，形态小不易观察，染色困难、用姬姆萨染色法可以着色，形态为多形性，呈小点状、球状、杆状或是丝状之多形体。

培养在10%～20%的血清马丁肉汤或者胃酶消化肉汤中生长，呈轻度浑浊，在点灯光下容易观察，一半在3天左右生长变浊，有的菌株在兔血清马丁肉汤表面产生"膜"。

此菌在固体培养基上生长较为困难和迟缓，接种在马丁血液琼脂上，培养在半厌气，二氧化碳，或潮湿的塑料袋中，1 周左右可见到菌落生长，较大的菌落肉眼即可观察清楚，较小的则在扩大镜下才好观察。一般都有乳头或者叫做"荷包蛋"样的菌落。菌落中心嵌入培养基中，中心色暗边缘透明，有时在马丁血液琼脂上出现"膜"及"污点"，能还原美兰和轻度溶血（绵羊）。

此菌对小白鼠、海猪、家兔均无致病力。

将此菌的培养物注射产奶山羊皮下，一般 7 天左右出现干奶现象，其病况与自然发病者极相似。培养物作 1 000 倍稀释仍可引起发病。

病原体保存在无菌牛奶、马丁肉汤中，并密封于安瓿中 3 个月不全死亡，活菌减低 1 万倍。放入 0~4 ℃冰箱中可保存半年。

### 四、诊断

我们从病羊乳汁中分离出多株支原体，将分出的支原体皮下注射给健康产奶山羊能引起"干奶病"，故认为是其病原体，这种支原体的特性与无乳支原体相同，故诊断为传染性无乳病。

病原分离，采取病羊乳汁，盛于无菌小瓶中，加入 500 ~ 1 000 国际单位 / 毫升青霉素，然后带回实验室，用加 10% 绵羊血清马丁肉汤 10 倍递减稀释，并放于 37 ℃温箱中培养，一般均可在 3 ~ 5 天之内观察到生长，而且随后以第 2 至第 3 管出现纯培养者居多。其培养特点详见图 2-7-33。

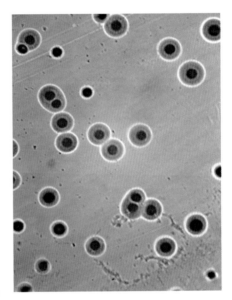

图 2-7-33 固体培养基上煎鸡蛋样的菌落（简莹娜提供）

#### 1. 鸡胚培养

（1）取 8 号强毒株接种马丁血清肉汤中生长后，取 0.2 毫升接种于 7 日龄鸡胚卵黄囊中培养 2 ~ 5 天，吸取卵黄液少许再作培养，如此鸡胚与马丁血清交替传代共达 30 代。以后改为卵黄马丁肉汤培养（蛋黄含量为 1%），生长后（一般 48 小时）即再移植传代，共传 40 代。取 40 代之后蛋黄马丁肉汤培养物作安全及效力试验。

（2）取干 3 号强毒株接种马丁血清肉汤和 7 日龄鸡胚卵黄囊交替传代到 20 代，以后则只通过鸡胚传代到 70 代。此菌株可以在鸡胚卵黄囊中传代下去，所以证明能够在卵黄囊中生长，但是不能够致死鸡胚，也未见到明显病变。将此株细菌作安全及效力试验。

### 2. 动物试验

将干 36 号强毒株及干 3.70 代弱毒株给绵羊皮内注射 0.5 毫升培养物，1 周后从局部取少量的组织接种在适当的培养基中，培养 3 天视其有无生长，结果第 7 天不论强毒弱毒均可从局部培养出支原体，说明能在局部保存最少为 7 天。

### 3. 鸡胚毒的安全试验和效力试验

干 3.70 代及干 8.70 代鸡胚弱毒株对山羊不安全，可引起无乳病，除个别山羊外也未见到明显免疫效力。

### 4. AG1 苗的安全及效力试验

AG1 为从国外引进无乳症弱毒菌种，经安全及效力试验证明，静脉注射 5 毫升仍可引起发病，而皮内注射 0.25 毫升不引起发病，攻毒后仍发干奶病，但由于攻毒剂量可能较大，故不能证明其效力，但可以认为效力不大。

### 5. 免疫血清试验

将强毒株连续多次静脉注射给家兔和绵羊，可产生抗无乳支原体的抗血清。血清在试管中作生长抑制试验，能产生明显的抑制作用，但效价不高，在 50~100 倍。

## 五、防治

山羊无乳症的病状"干奶"为特征，病原为无乳支原体，用鸡胚卵黄囊继代方法培育弱毒，结果 70 代的菌株对山羊仍不安全，也无明显效力。

（青海省畜牧兽医科学院 张生民提供）

# 第七节　李氏杆菌病

李氏杆菌病（Listeriosos）是冬春两季高发的一种疾病，临床特征有脑膜炎、败血症和流产，患畜也经常伴有精神系统紊乱，发病时常沿头的方向旋转或做圆圈运动，即"转圈病"。

## 一、病原

李氏杆菌病是由李氏杆菌（Listeria）引起的。本菌为革兰氏阳性球杆菌，大小为（1~2）微米 × 0.5 微米。本菌的抵抗力较强，在土壤、粪便和青贮饲料中能长期存活。对酸和碱的抵抗力较强，在 pH 值 5.6~9.6 的范围内均能生长。

该菌属于食源性病原菌，感染性强，成年羊群较易感，由饲喂发霉变质并污染了李氏杆菌的青贮料引起。

## 二、症状

李氏杆菌能够引起脑炎型病、败血型病和流产。其中脑炎型，组织学检查可见脑膜充血。镜下观察，在脑桥、中脑和延脑可见血管周管套形成，主要由淋巴细胞和组织细胞组成，也杂有少量中性粒细胞。常见到局部软化灶，病变严重时也可能融合。败血症多发生在反刍机能尚未发育完全的幼龄反刍动物中。病变主要发生在内脏，表现为肝脏坏死。成年动物则出现广泛性出血性肠炎。流产症状主要由于李氏杆菌对子宫有高亲和力，孕畜感染后易造成胎盘炎、子宫炎、胎儿感染和死亡、流产、死产、有时新幼畜还可能成为病原的携带者。

## 三、流行病学

牛、羊发病最为常见。一年四季都可发生，以冬、春两季多见，被称为"青贮病"。停止或改变青贮饲料配给能延缓疾病的蔓延，但仍然可以持续 2 周左右，同时脑炎型病例较常见，偶见流产和败血症。

## 四、诊断

脑炎型李氏杆菌病，可根据典型的神经症状做出诊断。本病的确诊需要通过细菌性检查，样品可从动物脑组织、胎盘以及胎儿中采集，进行该菌的分离培养。

## 五、防治

早发现，积极使用敏感抗生素防治，本菌对青霉素、氨苄青霉素、头孢噻呋、红霉素、甲氧苄啶／磺胺敏感。群发的时候，应迅速隔离病羊。如果是青贮饲料的原因，应立即停喂，改用其他饲料，青贮料定期更换。

（青海省畜牧兽医科学院 简莹娜供稿）

# 第三篇

## 肉羊寄生虫病

# 第一章

## 羊寄生虫病防治新技术

## 第一节　羊寄生虫病的发生和流行概况

### 一、生态环境

有些牧区具有寄生虫生长、发育、流行的环境，如绦虫的发育需要中间宿主（地螨）的参与；多水、潮湿的牧区有淡水螺、蜗牛、蚂蚁等，易导致吸虫病的发生。也就是说，生态环境中存在的中间宿主是发生羊寄生虫病的条件和因素，因此，消灭环境中的中间宿主可减少某些寄生虫病的发生。我们不要把目光全部放在对病畜的诊疗上，消灭外界环境中的病原，切断病原传染给牛羊的途径，本身也是在消灭和控制牛羊疫病，而且是更重要的防控措施。

### 二、防治措施

羊寄生虫病的发生与防治措施有关。羊寄生虫病的发生，常常从低感染率向高感染率发展，从小面积发生到大面积发生发展。如果在某种羊寄生虫病发生初期采取有效措施，则可有效控制羊寄生虫病的发生和流行；如果羊寄生虫病已大面积发生，证明该地区环境已受到羊寄生虫的污染，在此种情况下要消灭和控制羊寄生虫病就比较困难了。因此，防治措施不得力，可造成羊寄生虫病的流行。

### 三、驱虫时间

对于羊寄生虫病的防治，主要是驱虫治疗；但驱虫治疗的时间是关系到驱虫效果（保护期）的关键。如在羊寄生虫污染区进行羊寄生虫病的治疗，治疗后只能保证羊只3天左右的时间羊体内没有寄生虫。因此，要选择能保持羊体内较长时间无虫期的驱虫时间。如在冬季进行驱虫，此时外界环境中的感染性寄生虫很少，驱虫后羊不易再感染寄生虫；如在初冬对羊只进行驱虫，驱虫后的保护期就较长。如在转场前对羊进行驱虫，羊进入新草场放牧，感染寄生虫的机会就少一些。如舍饲前进行驱虫，羊只感染寄生虫的机会少，驱虫效果就好。

### 四、饲养管理

做好羊的饲养管理工作可减少羊寄生虫病的发生和流行。如保持圈舍干净、卫生、通风，地面干燥；定期清除圈舍内的粪便，可减少寄生虫病的发生；产圈在母羊产前和产后各消毒1次；在羊不同的发育阶段（幼畜、成畜、孕畜、种公畜），要按照不同的饲料配方进行饲喂；长草要铡短，牛10厘米、羊4厘米为宜；少喂勤添，先粗后精；不用发霉变质的饲草料饲喂牛羊。在吸血昆虫流行季节，定期对羊喷洒杀虫剂，可预防原虫病和外寄生虫病的发生；对新购入的羊要隔离饲养20天以上，对出现病症的牛羊要及时诊断、治疗、免疫、处理等，可减少外来疫病传入的机会。

### 五、科普宣传

羊寄生虫病的发生与羊养殖者密切相关。在某种寄生虫病流行地区，要向饲养人员进行科普宣传，要让他们了解当地高感染、高危害寄生虫病的危害，发生原因，防治方法，让他们参与寄生虫病的防控工作，开展群防群治寄生虫病，只有这样，寄生虫病的防治效果才会更好，否则，就会无法消灭和控制寄生虫病。如有的养殖者用感染有棘球蚴、多头蚴、细颈囊尾蚴、羊囊尾蚴的肌肉（病料）喂狗，实际上他们是在无意识的扩散了这些寄生虫病。如果科普宣传工作到位，就不会发生这种情况。

# 第二节　无病预防原则

羊消化道蠕虫病的发生和流行是由多方面的因素引起的，努力消除诱发寄生虫病的因素，可减少寄生虫病的发生。

对于羊寄生虫病的防治，目前大多都是以治疗为主，没有在预防上下功夫。羊发生寄生虫病后，出现生产性能下降、精神沉郁、体温升高、呼吸困难、消瘦、生长缓慢、拉稀、流产等症状。感染严重的羊只会出现死亡，给养殖者造成极大的经济损失。除此之外，养殖者还要请兽医治病、购买兽药、支付交通费，又是一笔不小的开支，即使对羊进行了治疗，治疗效果往往也不理想，如脑包虫病、肝包虫病等。只对羊寄生虫病进行治疗，不能真正起到减少寄生虫病对牛和羊的危害的作用，也不能减少寄生虫病给养殖者带来的经济损失，因此，对于羊寄生虫病的防治要采取无病预防的原则。

无病预防原则，是指在羊感染初期或动物有可能感染疫病时所采取的治疗或预防措施。无病预防具有以下优点：一是早期治疗效果好；二是能尽早减少疫病对动物造成的危害；三是能尽早减少疫病对养殖户造成的经济损失。

如：羊的原虫病和外寄生虫病，在发病季节定期喷洒杀虫剂，可预防和减少原虫病和外寄生虫病的发生。

如：羊鼻蝇蛆病，羊感染本病的时间在 7—9 月，感染性蛆虫在羊鼻腔内生长 9~10 个月。如在 11 月后进行所有羊只的预防性治疗，第二年就不会发生羊鼻蝇蛆病。

如：羊的蠕虫病，在本病流行地区开展冬季驱虫、转场前驱虫、舍饲前驱虫和治疗性驱虫等方法，就可减少和控制羊蠕虫病。

如：对新购入的羊隔离 25 天以上，无病后再与当地羊混养；如有病则进行治疗，还可向售羊者进行索赔经济损失等，同时也可预防外来疫病的传入。

# 第三节  羊蠕虫病驱虫时间的选择

蠕虫病指由吸虫、线虫和绦虫引起的寄生虫病，羊蠕虫病在我国非常普遍，危害十分严重。目前我国普遍采用"春季驱虫和秋季驱虫"的模式防控牛羊蠕虫病，根据各地的报道和我们的调查，证明这种模式的防控效果不理想，主要原因之一是驱虫时间不合理。

**一、羊适用驱虫法**

根据美国新泽西州黙沙东公司技术团队编写的《PARASITES of SHEEP》、美国兽医 Dressier（1990）的研究报告、刘文道（1992）、肖兵南（1983）、彭毛（1985）、张雁声和王光雷（1985）等的最新研究进展，以及过去对寄生虫病防治方面的经验，认为"春季驱虫"的时间大多在 5月底，而寄生虫病对家畜的危害主要在 3—4 月，因为此时正是家畜最瘦，草料不足，母羊怀孕、带羔的时间，同时又是寄生虫在体内大量生长繁殖、产卵的时间，由于寄生虫的大量吸血，夺取营养，造成家畜的大批死亡（春乏死亡），"春季驱虫"不能预防寄生虫病的危害；而"秋季驱虫"的时间大多在 9 月中旬，驱虫后仍有再感染寄生虫的机会，感染的寄生虫会蛰伏在羊的消化道内，在来年 3—4 月大量繁殖，危害家畜，并产卵，完成寄生虫的传代，导致寄生虫病年年防治年年有的情况。根据许多学者的研究结果，提出了"冬季驱虫、转场前驱虫、舍饲前驱虫和治疗性驱虫"为核心的防治羊寄生虫病的"适用驱虫法"，其理论依据概括如下。

（1）自然净化原理：根据严寒（0℃以下）和酷暑（40℃以上）对自然界中虫卵和幼虫有杀灭作用的特点。外界环境中的虫卵和感染性幼虫在 25℃左右为最佳生长温度，0℃或 40℃停止发育，0℃以下时，温度越低，虫卵和感染性幼虫存活时间越短；40℃以上时，温度越高，虫卵和感染性幼虫存活时间越短。如感染性幼虫 –10~–22℃时，12 小时死亡；40℃ 8 天、50℃ 0.5小时死亡。大自然的自然净化作用（严冬、酷暑）可部分削减环境中的感染性虫卵和幼虫。

（2）寄生虫在冬季主要寄生在羊体内发育的特点。

（3）根据我国西北地区有转场放牧的特点（冬草场、春秋牧场、夏草场）。

（4）根据寄生虫有发育史主循环和侧循环的特点。

（5）根据寄生虫病要预防为主，减少危害的原则。

**二、春季驱虫和秋季驱虫存在的问题**

（1）春季驱虫和秋季驱虫的时间各含 3 个月的时间段，具体什么时间驱虫最好，基层兽医人员和农牧民不清楚，驱虫效果也不好。

（2）春季驱虫和秋季驱虫只起到治疗作用。投药后把寄生虫驱出，但没有预防性驱虫的功效。

（3）春季驱虫没有起到寄生虫病的预防作用。家畜蠕虫病对家畜的危害主要在3—4月（春乏死亡），而我们目前的春季驱虫时间在5月底（剪毛时间），因此，春季驱虫没有预防春乏死亡的作用。

（4）春、秋驱虫只起到治疗作用，保护期短，只有6天。刘志强和王光雷（2014）试验：丙硫苯咪唑在投药后6~8小时达到高峰，持续到72小时；伊维菌素0.5小时达到高峰，12小时后为0；吡喹酮0.5小时达到高峰，持续到72小时。也就是说，春、秋驱虫只能保证家畜1年中6天处于无虫状态，其他359天中家畜仍处在感染和传播寄生虫病的状态，致使寄生虫病年年防治年年有的情况。

（5）春、秋驱虫污染环境。驱虫药只对虫体有效，对虫卵无效。驱虫后粪便中的虫卵和成虫体内的少数虫卵仍可污染环境，引起家畜再次感染寄生虫病。

**三、羊适用驱虫法的优点**

1. 冬季驱虫

（1）可全部驱出秋末初冬羊只感染的所有幼虫和少量残存的成虫。

（2）驱出体外的成虫、幼虫和虫卵在低温状态下很快死亡，不可能发育为感染性幼虫，不造成环境污染，起到无害化驱虫的目的。

（3）驱虫后的羊只在相当长的一段时间内不会再感染虫体，或感染量极少，寄生虫夏天在草上，冬天在草根下，这就可有效地保护羊只越冬度春。

（4）减少春乏死亡。

（5）驱虫后，家畜不易再感染寄生虫，切断寄生虫的发育史，起到净化作用。

2. 转场前驱虫的优点

（1）转场前驱过虫的羊只体内没有寄生虫，到新牧场放牧不会对新草场造成污染。

（2）由于新草场在放牧前已经过一个严冬或一个炎热的夏天，草场中的感染性幼虫在高温和低温不利条件下会大量死亡，草场得到自然净化，羊只再感染的机会相对较低，可保持较长时间的低荷虫量。

（3）春季、夏季和秋季驱虫时，应在圈舍内进行，驱虫后圈养1~2天，并将粪便清除后堆放，生物热发酵杀死虫卵，防止虫卵污染草场。

3. 舍饲前驱虫的优点

为了提高饲料利用率，减少寄生虫病的危害，在舍饲前对羊只进行驱虫，以减少寄生虫对家畜的危害；对驱虫后的粪便应及时清除，单独堆放，杀灭虫卵，达到无害驱虫的目的。

4. 治疗性驱虫的优点

对有条件保证驱虫后不（少）接触病原的情况下，给予驱虫，可减少寄生虫对家畜的危害，并保证羊体内较长时间无虫期。

# 第四节　常见寄生虫病的科学防治方法

## 一、羊消化道蠕虫病的防治

寄生在消化道内的吸虫、绦虫、线虫，种类很多，常呈混合感染。寄生虫吸血、吸收动物营养、破坏组织器官、引发炎症、造成羊只生长缓慢、消瘦、贫血、拉稀、最后衰竭死亡。

防治：根据各地实际情况，选择冬季驱虫、转场前驱虫、舍饲前驱虫或治疗性驱虫。根据诊断盒的诊断结果，无虫就不必投药；如果有寄生虫，最好选择广谱药或特效药进行驱虫，以便达到驱虫后能保持羊体内较长时间的无虫期。

注意：不要采用春季驱虫和秋季驱虫；寄生虫病不要未经诊断，就凭借想象购买驱虫药进行驱虫，因为不同的寄生虫病要用不同的药物进行治疗。为了了解驱虫效果，还可在驱虫后 3~5 天，对驱虫后的羊采取粪样进行检查。

## 二、三绦蚴病的防治

三绦蚴病指寄生在羊肝脏和肺脏上的棘球蚴，寄生在羊脑内的多头蚴和寄生在羊腹腔内的细颈囊尾蚴。

三绦蚴的成虫分别为细粒棘球绦虫、多头绦虫和泡状带绦虫，寄生在犬、狼、狐等肉食动物的小肠内。

生活史：成虫寄生在肉食动物的小肠内→虫体排卵，卵与粪便一起排出体外→污染环境→羊、人等多种动物误食虫卵后受到感染→虫卵在羊、人等动物体内发育为三绦蚴→肉食动物食入三绦蚴后，在体内发育为成虫。

防治：

（1）加强羊的集中屠宰管理，发现感染有病原的脏器要集中深埋、焚烧或无害化处理；对非正常死亡的羊尸体和三绦蚴病原，切勿乱丢，要深埋，焚烧、防止被狗或其他野生动物食用后传播本病。

（2）在人和家畜感染率高发区，要对家犬和牧犬挂牌登记，每年 8 次驱虫，保持高密度和高强度；对野犬进行捕杀。驱虫时要拴养 2 天，对驱出的粪便要集中深埋。驱虫药品为吡喹酮药饵。可用氢溴酸槟榔碱进行诊断性驱虫。

（3）开展科普工作，要让第一线的养殖者知道三绦蚴病的危害、传播方式、预防方法，让他们参与三绦蚴病和犬绦虫病的防治工作，只有这样，才能有效防治三绦蚴病和犬绦虫病。

注意：加强科普宣传，开展群防群治，是减少三绦蚴病和犬绦虫病的关键措施。

### 三、羊疥癣的防治

疥癣是危害细羊毛业发展的重大寄生虫病，传染性很强。

病原：病原为痒螨和疥螨，寄生在皮肤内和毛根处。

症状：患羊出现掉毛，皮肤炎症；由于奇痒，患羊不停啃咬患部；食欲下降，消瘦，春季发生大批死亡。患畜一般在12月至4月期间发病，此间的虫体特别活跃，在皮肤内掘洞，吞食组织，大量增繁。5—11月停滞发育，虫体潜伏在羊的皮肤皱折及阳光照射不到的地方，患畜出现自愈。如不治疗，来年继续发病。

由新疆畜牧科学院兽医研究所研发的动物粪便虫卵和肺丝虫诊断试剂盒详见图3-1-1～图3-1-6。

图3-1-1 动物粪便虫卵诊断盒外观
（王光雷提供）

图3-1-2 打开盒盖后外观
（王光雷提供）

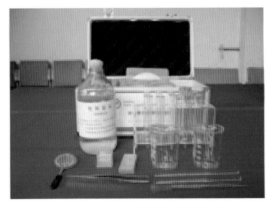

图3-1-3 取出诊断用具后外观
（王光雷提供）

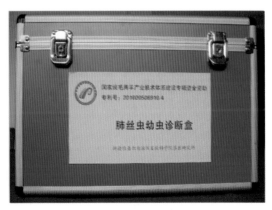

图3-1-4 肺丝虫幼虫诊断盒外观
（王光雷提供）

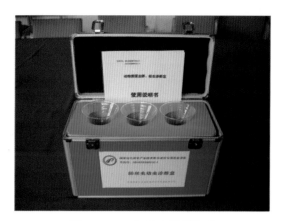

图 3-1-5　打开盒盖后外观
（王光雷提供）

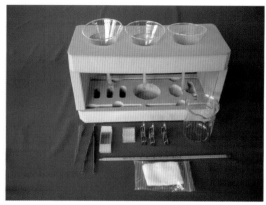

图 3-1-6　取出诊断用具后外观
（王光雷提供）

（新疆畜牧科学院兽医研究所　王光雷供稿）

# 第二章

# 绦虫蚴病

绦虫蚴病是绦虫的幼虫期寄生在羊和其他动物（中间宿主）的内脏器官或其他组织中而引起的疾病。绦虫蚴外形为囊状，常见羊的绦虫蚴病有 3 种：多头蚴病、棘球蚴病及细颈囊尾蚴病。

## 第一节　多头蚴病（脑包虫病，晕倒病）

多头蚴病（Coenurosis）俗称脑包虫病或晕倒病（Sturdy，gid），是牧区常见的一种疾病，在农区也不少见。容易侵袭 1~2 岁的绵羊及山羊，绵羊比山羊更为多见。因为多头蚴又称脑包虫，故所引起的疾病又称为脑包虫病。

### 一、病原及其形态特征

病原为多头蚴。多头蚴是犬多头绦虫（*Taenia multiceps*）的幼虫，外形为囊状，多寄生在羊的脑子里，有时也可寄生于椎管内。长成的多头蚴呈囊状，白色，外部包以薄膜，内部充满透明液体，直径可达 5 厘米以上。薄膜的内壁有许多头节（原头蚴），

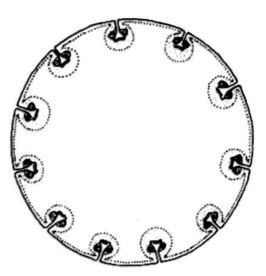

图 3-2-1　多头蚴头节寄生模式
（郭志宏提供）

数目可达 100~250 个，呈白色颗粒状。直径为 2~3 毫米，每一个头节上有 4 个吸盘和 1 个额嘴，上有两排小钩，多头蚴头节寄生模式见图 3-2-1。

### 二、生活史

犬（或其他肉食兽）多头绦虫的卵或含卵体节，随着粪便排出体外；健羊随食物或饮水吞入虫卵以后，即受到感染。卵内的六钩蚴，在羊的肠管中逸出，并穿透肠黏膜进入血液循环，顺血流而达到身体各部。只有进入中枢神经系统的发育良好，进到其他各部的不久即死亡；六钩蚴进入脑以后慢慢发育成多头蚴，在脑或脊髓的表面经过 7~8 个月，长成豌豆至鸡蛋大的幼虫囊，数目由一个到数个不等。多的可达到 30 个。多头绦虫的生活史见图 3-2-2；寄生部位普通为大脑上面或两大脑半球之间，偶尔可见于脑侧室或小脑中。寄生在绵羊脑部的多头蚴见图 3-2-3，图 3-2-4。由于囊的体积逐渐增大，压迫脑，因而使脑萎缩、失去机能。偶尔多头蚴见于椎管中，则压迫脊髓，使一侧或两侧后肢发生进行性麻痹；犬或其他肉食兽如果吞食了多头蚴，则受到感染。多头蚴在犬类动物肠道中进行发育，经 41~73 天发育为成熟的多头绦虫。

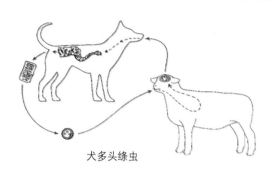

犬多头绦虫

图 3-2-2　多头绦虫的生活史（郭志宏提供）

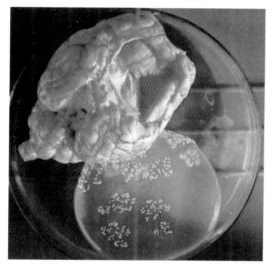

图 3-2-3　从羊脑部取出的多头蚴
包囊（郭志宏提供）

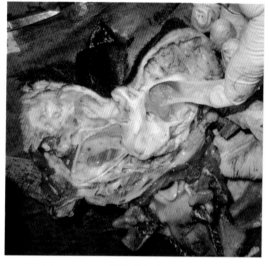

图 3-2-4　绵羊脑部寄生的多头蚴
（郭志宏提供）

### 三、症状

羊的多头蚴病临床表现多呈慢性和急性型。感染初期由于病原体转入脑部，引起局部发炎，病羊显出脑膜炎或脑炎症状，此时病羊体温升高，脉搏呼吸加快，有时强烈兴奋，有时沉郁，离群落后，长时间躺卧，部分病羊在 5~7 天内因急性脑膜炎而死亡。耐过急性不死的病羊转为慢性，在一定时期内不显症状，在此期间多头蚴继续发育长大，在 6~8 周内患羊呈现视神经乳头瘀血。再经 2~6 个月，病羊精神沉郁，停止采食，因寄生部位的不同表现出下列各种症状。

寄生在大脑半球的侧面时，病羊常把头偏向一侧，其姿态见图 3-2-5，向着寄生的一侧转圈子。病情越重的，转的圈子越小。有时患部对侧的眼睛失明；寄生在大脑额叶时，羊头低向胸部，走路时膝部抬高，或沿直线前行。碰到障碍物而不能再走时，即把头顶在障碍物上，站立不动；寄生在脑枕叶时，头向后仰；寄生在脑室内时，病羊向后退行；寄生在小脑内时，病羊神经过敏易于疲倦，步态僵硬，最后瘫痪；寄生在脑的表面时，颅骨可因受到压力变为薄而软，甚至发生穿孔；寄生在腰部脊髓内时，后肢、直肠及膀胱发生麻痹。同时食欲无常，身体消瘦，最后因贫血和体力不能支持发生死亡，衰竭、频死前姿态见图 3-2-6~ 图 3-2-7。病到末期时，食欲完全消失，最后因消瘦及神经中枢受损害而死亡，死亡率高达 97%。

图 3-2-5 头偏向一侧（乔海生提供）

图 3-2-6 倒地瘫痪至死亡
（郭志宏提供）

图 3-2-7 四肢呈游泳状
（耿刚提供）

## 四、病例参考

图 3-2-5~ 图 3-2-7 为羊只患脑包虫病后表现的不同临床症状。

## 五、诊断

因该病患羊表现出一系列特异神经症状，容易确诊。但应注意与莫尼茨绦虫病、羊鼻蝇蛆病及其他脑病的神经症状相区别，这些病不会有头骨变薄、变软和皮肤隆起等现象。

当颅骨因受压迫变软时，可以用手按压出多头蚴存在的部位，柔软部位存在于所转圆圈的内侧。有时可发现柔软部对侧的肌肉或腿发生麻痹。一般的寄生部位是向左转在左侧，向右转在右侧，抬头运动在大脑前部，低头运动可能在小脑部。如果寄生在颅后窝，将眼蒙住，便跌倒在地，若一直蒙住眼睛，就不能站起来。

### 六、预防

（1）防止犬感染绦虫。应把死于该病的羊头深埋，或用火烧处理。避免被犬食用，这是最有效的预防办法。

（2）每年给犬用5~10毫克/千克体重的吡喹酮进行驱绦虫工作。驱虫后的犬粪深埋处理，是防止羊只感染的有效方法。

### 七、治疗

（1）肉用羊应在身体情况良好时进行屠杀。

（2）采用手术疗法。如寄生于脑的表面，触诊时寄生部位的头骨软化，可用外科手术取出。但如部位难以确定，或存在于脑部较深处时，手术结果不良。经过手术得到痊愈的，往往都是部位确定，存在于浅部，以及营养较好的幼羊。

（3）采用药物疗法。药物治疗可用吡喹酮，病羊按50毫克/千克体重连用5天；或按70毫克/千克体重连用3天。早期治疗可取得80%左右的疗效。

（青海省畜牧兽医科学院 郭志宏供稿）

# 第二节 斯氏多头蚴病

斯氏多头蚴（*Coenurus skrjabini*）是斯氏多头绦虫（*Multiceps skrjabini*）的中绦期，主要寄生于山羊、野山羊，有时也寄生在绵羊和骆驼的肌肉、皮下和胸腔内，大小如同鸡蛋，单房，圆形或椭圆形。也有学者认为斯氏多头蚴是脑多头蚴的同物异名，其分类地位还没有被确认。成虫寄生于犬科动物的小肠中，体长有 20 厘米，头节顶突上有小钩 32 个。子宫侧枝为 20~30 对，虫卵大小为 32 微米 × 26 微米。虫卵通过粪便排出体外污染草场，当羊采食含有虫卵的草后即在横纹肌中发育成胞囊。

## 一、症状

患病羊表现为精神沉郁，被毛粗乱，体质瘦弱，生长缓慢，常掉队落后在羊群后面；有时羊体表面用手触摸可发现在颈肩背部皮下有大小不一，波动的凸起物；有时候出现咀嚼困难，系绦虫蚴胞囊压迫咬肌所致。幼龄羊症状严重，会出现死亡。

## 二、治疗

斯氏多头蚴病的治疗，对外观明显，凸出皮肤表面且没有大血管和大神经丛时，可采用手术疗法。也可用 5% 的碘醚柳胺注射液按 0.07 毫升 / 千克体重皮下注射，隔日 1 次，连续注射 3 次。

## 三、预防

重点是驱除犬体内的成虫。每年用 5~10 毫克 / 千克吡喹酮进行驱虫，每季 1 次，包在食物内投喂。投药后必须对犬加强管制，将排出的粪便全部深埋或烧毁。

（青海省畜牧兽医科学院 郭志宏供稿）

# 第三节　棘球蚴病（囊虫病，肝包虫病）

棘球蚴病（Echinococcosis, Hydatidosis, Hydatid cyst, Hydatid disease）也叫囊虫病或包虫病，俗称肝包虫病。所有哺乳动物都可受到棘球蚴的感染而发生棘球蚴病。绵羊和山羊都是中间宿主。它不但侵害家畜，而且还感染人，引起严重的病害，是一种人畜共患的绦虫蚴病。羊只发生本病以后，可使幼羊发育缓慢，成年羊的毛、肉、奶的数量减少，质量降低，患病的肝脏和肺脏大批废弃，因而造成严重的经济损失。

## 一、病原及其形态特征

病原为棘球蚴（Echinococcus）。棘球蚴是犬细粒棘球绦虫（Echinococcus granulosus）的幼虫期。棘球蚴寄生于绵羊及山羊的肝脏、肺脏以及其他器官，形态多种多样，大小也很不一致，从豆粒大到几十千克大小都有。

成虫（细粒棘球绦虫）寄生在犬、狼及狐狸的小肠里，虫体很小，全长2~8厘米，由3个或4个节片组成，头节上具有额嘴和4个吸盘，额嘴上有许多小钩，最后的体节为孕卵节片，内含400~800个虫卵。其成虫详见图3-2-8~图3-2-10所示。

棘球蚴有内含液体的包囊，囊壁由3层构成：外层是较厚的角质层；中层是肌肉层，含肌肉纤维；内层最薄，叫生发层，长有许多头节和生发囊。也由许多体积较小的小囊构成，囊内没有液体，也没有头节。是宿主感染虫卵后，受机体的免疫力等的影响，包囊向退行性发展的结果。一般常见于牛体，不能形成原头节，无感染力。

其临床及显微结构详见图3-2-11~图3-2-14。

## 二、生活史

终末宿主犬、狼、狐狸把含有细粒棘球绦虫的孕卵节片和虫卵随粪排出，污染牧草、牧地和水源。当羊只通过吃草饮水吞下虫卵后，卵膜因胃酸作用被破坏，六钩蚴逸出，钻入肠黏膜血管，随血流达到全身各组织，逐渐生长发育成棘球蚴，最常见的寄生部位是肝脏和肺脏。

如果终末宿主吃了含有棘球蚴的器官，经45天就能在肠道内发育成细粒棘球绦虫成虫，并可在宿主肠道内生活达6个月之久。

其生活史详见图3-2-15。

图 3-2-8 细粒棘球绦虫成虫（郭志宏提供）

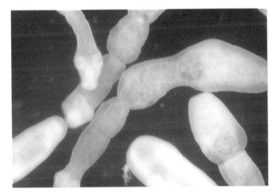

图 3-2-9 放大后的成虫（郭志宏提供）

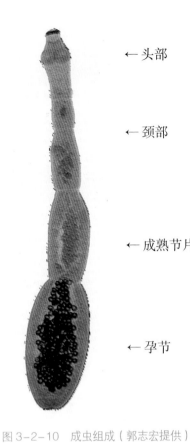

←头部

←颈部

←成熟节片

←孕节

图 3-2-10 成虫组成（郭志宏提供）

图 3-2-11 羊肺部和肝脏上寄生的
棘球蚴（郭志宏提供）

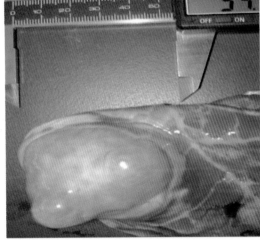

图 3-2-12 单包囊型外观
（郭志宏提供）

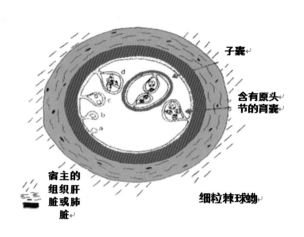

图 3-2-13　单房型包囊，囊内有生
发囊和头节（郭志宏提供）

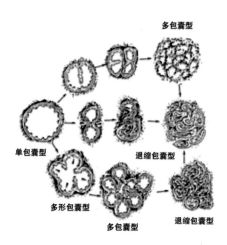

图 3-2-14　牛羊感染包虫后
变为多包囊型（郭志宏提供）

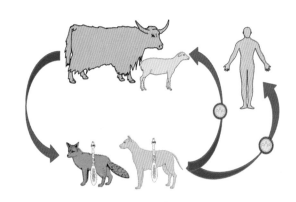

图 3-2-15　细粒棘球绦虫生活史（郭志宏提供）

## 三、症状

严重感染时，有长期慢性的呼吸困难和微弱的咳嗽。叩诊肺部，可以在不同部位发现局限性半浊音病灶；听诊病灶时，肺泡呼吸音特别微弱或完全没有。

当肝脏受侵袭时，叩诊可发现浊音区扩大，触诊浊音区时，羊表现疼痛。当肝脏容积极度增加时，可观察右侧腹部稍有膨大。绵羊严重感染时，营养不良，被毛逆立，容易脱落。有特殊的咳嗽，当咳嗽发作时，病羊躺在地上。绵羊对本病比较敏感，死亡率比牛高。

## 四、剖检

剖检病变主要表现在虫体经常寄生的肝脏和肺脏。可见肝肺表面凹凸不平，重量增大，表面有数量不等的棘球蚴囊泡突起；肝脏实质中亦有数量不等、大小不一的棘球蚴囊泡。棘球蚴内含有大量液体，除不育囊外，液体沉淀后，可见有大量包囊砂。有时棘球蚴发生钙化和化脓。有时在脾、肾、脑、脊椎管、肌肉、皮下亦可发现棘球蚴。

### 五、诊断

严重病例可依靠症状诊断，或用 X 光和超声检查进行确诊。但须注意不可与流行性肺炎相混淆，目前有血清抗体普查用的 ELISA 检测试剂盒。也有用皮内变态反应作生前诊断，具体方法如下：用无菌方法采取屠宰家畜的新鲜棘球蚴液 0.1~0.2 毫升，在羊的颈部作皮内注射，同时再用生理盐水在另一部位注射（相距应在 10 厘米以外）作为对照。如果在注射后 5~10 分钟（最迟不超过 1 小时），注射部发生直径为 0.5~2.0 厘米的红肿，以后红肿的周围发生红色圆圈，圆圈在几分钟后变成紫红色，经 15~20 分钟又变成暗樱桃色彩的，为阳性反应。不表现红肿现象的为阴性反应。诊断的准确性可达 95%。为了贮备抗原，应该在无菌操作下用注射器吸取棘球蚴液，进行离心沉淀或用过滤方法除去头节及其他颗粒，即可作为抗原。如不立即使用，或者当天用不完时，可以加入 0.5% 氯仿，保存于冰箱备用。

### 六、防治

尚无有效治疗方法，主要应做好预防。预防的主要措施是控制野犬数量，家养犬定期驱虫，加强肉食品检验工作，有病器官按规定处理，以免被犬、狼、狐狸吃掉。其他预防措施可参阅多头蚴病。

（青海省畜牧兽医科学院　郭志宏供稿）

# 第四节　细颈囊尾蚴病（腹腔囊尾蚴病）

细颈囊尾蚴病（Cysticercosis tenuicollis，*Abdominal* cysticercos）又名腹腔囊尾蚴病，俗称水铃铛，是各种囊尾蚴中最常见最普遍的一种。当剖开羊的腹腔时，可发现有好像装着水的玻璃纸袋子一样的囊状物，即为细颈囊尾蚴。

细颈囊尾蚴是犬泡状带绦虫（*Taenia hydatigena*）的幼虫，寄生于各种家畜和野生反刍动物的肠系膜上，有时寄生在肝脏表面。寄生的数目不定，有时可达数十个。囊的直径可达 8 厘米，内面充满无色液体，在囊泡上长有一个像高粱粒大的白色颗粒，就是囊尾蚴的头节。成虫头节上有一个额嘴，四个吸盘，额嘴上长有大小两排小钩。寄生在肠系膜上的囊尾蚴、泡状带绦虫和细颈囊尾蚴病模式见图 3-2-16~ 图 3-2-18。

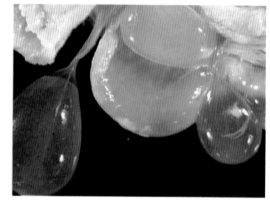

图 3-2-16　寄生在肠系膜上的囊尾蚴
（郭志宏提供）

## 一、生活史

寄生在犬类小肠中的泡状带绦虫，其含卵体节或卵随着粪便排到体外；虫卵被中

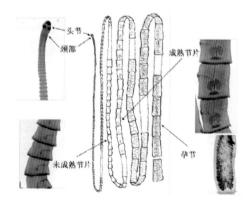

图 3-2-17　泡状带绦虫的形态
（郭志宏提供）

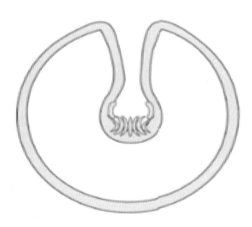

图 3-2-18　细颈囊尾蚴病模式图
（郭志宏提供）

间宿主（羊）吞入后，卵内的六钩蚴即逸出，穿透肠黏膜，进入血流，被门静脉循环带到肝脏；幼虫离开血管，进入肝实质，然后穿破肝囊进入腹腔，经过7~8周，即形成囊尾蚴；囊尾蚴被犬类动物吞食后，就完成了生活史。在犬类身体中经6~7周，发育为成虫。其生活史详见图3-2-19。

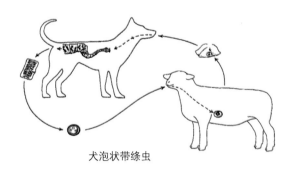

犬泡状带绦虫

图3-2-19　泡状带绦虫生活史（郭志宏提供）

## 二、症状

羊吃到绦虫卵的数目很少时，不表现症状。如果吃下虫卵很多，则因幼虫在肝实质中移行，破坏微血管而引起出血，使病羊很快死亡，尤其是羔羊更容易死亡。

急性症状为精神不好，食欲消失。引起腹膜炎时，体温上升，发生腹水。已经长成的囊尾蚴不产生损伤，也不引起症状。

## 三、诊断

因症状无显著特点，单靠临床症状很难做出诊断，主要靠病例尸检时发现肝脏的孔道和腹膜炎进行确诊。新近康复的绵羊含有明显的囊尾蚴。鉴别诊断需要考虑片形吸虫幼虫的虫道钻穿性肝炎。在此情况下，在组织的虫道或胆管里可发现肝片吸虫。

## 四、预防

在对本病的诊断治疗尚有困难的情况下，预防工作就显得更为重要。为了做好预防工作，首先要在本病流行区域做好宣传教育，尤其是对屠宰工人、群众的宣传教育非常重要。不能将感染细颈囊尾蚴的内脏喂狗。

驱除犬体内的绦虫。每年用5~10毫克/千克吡喹酮进行驱虫，每季1次，包在食物内投喂。投药后必须对犬加强管制，将排出的粪便全部深埋或烧毁。

（青海省畜牧兽医科学院　郭志宏供稿）

# 第五节 绦虫病

绦虫病（Thysanosomiasis，Tapeworm infestation）分布很广，常呈地方性流行。能够引起羔羊的发育不良，甚至导致死亡。本病在全国分布很广，三北牧区更为普遍，造成的经济损失很大。

## 一、病原及其形态特征

本病的病原为绦虫。绦虫是一种长带状而由许多扁平体节组成的蠕虫，寄生在绵羊及山羊的小肠中，共有4种，即扩展莫尼茨绦虫（*Moniezia expansa*）、贝氏莫尼茨绦虫（*M. benedeni*）、盖氏曲子宫绦虫（*Helictametra giardi*）和无卵黄腺绦虫（*Avitellina centripunctata*）比较常见的是前两种。扩展莫尼茨绦虫和贝氏莫尼茨绦虫节片见图3-2-20，图3-2-21。

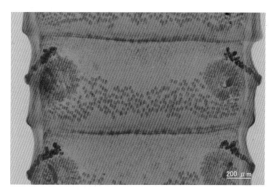

图3-2-20 扩展莫尼茨绦虫节片
（郭志宏提供）

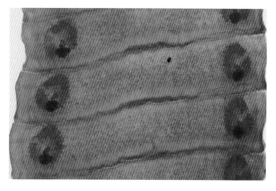

图3-2-21 贝氏莫尼茨绦虫
（郭志宏提供）

## 二、生活史

上述绦虫的中间宿主均为一种隐气门亚目的地螨，中间宿主的地螨见图3-2-22。含卵体节一节一节地或一组一组地由虫体脱离后，随羊的粪便排到体外，在外界环境中崩裂开来，放出虫卵。卵被牧场上的隐气门亚目的地螨吞食后，其卵内所含的六钩蚴，溢出卵而发育成幼虫（拟囊尾蚴）。

含有拟囊尾蚴的地螨被羊吞食后，其体内的拟囊尾蚴就在羊的消化道逸出，附着在羊的肠壁上，逐渐发育为成虫，所需时间为37~40天。成虫在羊体内的生活时间为2~6

个月。

### 三、症状

症状的轻重与虫体感染强度及羊的年龄、体质密切相关。一般轻微感染的羊不表现症状，尤其是成年羊。但1.5~8个月大的羔羊，在严重感染后则表现食欲降低，渴欲增加，下痢，贫血及淋巴结肿大。病羊生长不良，体重显著降低；腹泻时粪中混有绦虫节片，有时可见一段虫体吊在肛门处。若虫体阻塞肠道，则出现膨胀和腹痛现象，甚至因发生肠破裂而死亡。有时病羊出现转圈、肌肉痉挛或头向后仰等神经症状。后期仰头倒地，经常作咀嚼运动，口周围有泡沫，对外界反应几乎丧失，直至全身衰竭而死。

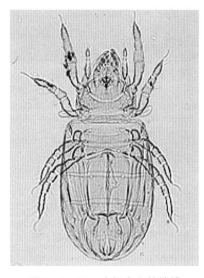

图3-2-22 中间宿主的地螨
（郭志宏提供）

### 四、诊断

1.虫卵检查。绦虫并不由节片排卵，除非是含卵体节在肠中破裂，才能排出虫卵。因此一般不容易从粪便检查出来。绦虫卵的形状特殊，不是一般的圆形或卵圆形。扩展莫尼茨绦虫的虫卵近乎三角形，贝氏莫尼茨绦虫的虫卵近乎正方形。卵内都含有一个梨形构造的六钩蚴。绦虫卵结构见图3-2-23~图3-2-25。

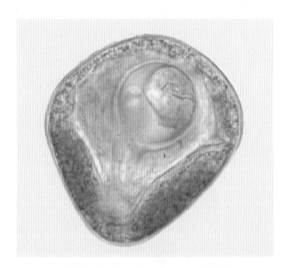

图3-2-23 扩展莫尼茨绦虫卵
（郭志宏提供）

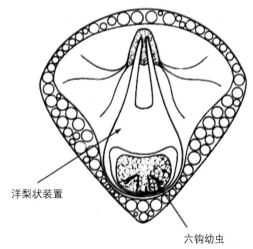

洋梨状装置

六钩幼虫

图3-2-24 扩展莫尼茨绦虫卵的结构（郭志宏提供）

2.体节检查。成熟的含卵体节经常会脱离下来，随着粪便排出体外。清晨在羊圈里新排出的羊粪中看到的混有黄白色扁圆柱状的东西，即为绦虫节片，长约1厘米，两端弯曲，很像蛆。有时可排出长短不等、呈链条状的数个节片。

### 五、预防

（1）如果在一年以前放牧过患绦虫病羔羊的牧场进行放牧，应该在经过25~30天以后进行预防性治疗。在到达该牧场后35~40天进行第2次预防性治疗，以驱除未成熟的绦虫。治疗后把羊转移到安全牧场。

（2）如果治疗后仍有羔羊死亡，应在2周后对全群再进行1次驱虫。

（3）为了把每年在羔羊中发现绦虫病的牧场变成安全牧场，应该将其改成放牧成年羊群，而把羔羊放牧到两年来没有放牧过羔羊的牧场去。

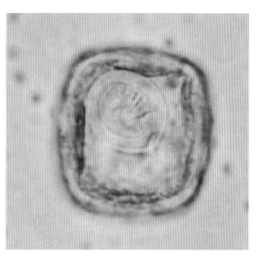

图 3-2-25　贝氏莫尼茨绦虫卵
（郭志宏提供）

### 六、治疗

20世纪50年代，国内曾推广使用1%硫酸酮溶液灌服，对绵羊和山羊莫尼茨绦虫驱虫，效果较好，但由于毒性较大，安全范围很小，已被淘汰。当前多选用氯硝柳胺（Niclosamidum）和丙硫苯唑（Abendazol，丙硫苯咪唑，阿苯哒唑），灌服10毫克/千克体重的奥芬达唑，对绵羊裸头科3属绦虫也有很好效果。吡喹酮：灌服5毫克/千克，对莫尼茨绦虫有很好的驱虫效果，灌服15毫克/千克，对曲子宫绦虫和无卵黄腺绦虫有很好的驱虫效果。

（青海省畜牧兽医科学院　郭志宏供稿）

# 第三章

# 吸虫病

吸虫（*Trematodes*）在分类学上隶属于扁形动物门（*Platyhelminthes*）的吸虫纲（*Trematoda*）。羊上常见的吸虫病有双腔吸虫病（Dicrocoeliasis）、片形吸虫病（Fasciolosis，Liver fluke disease）和前后盘吸虫病（Paramphistomosis）。吸虫一般有 1 个或 2 个中间宿主（第 1 中间宿主，第 2 中间宿主），第 1 中间宿主是贝类，在中间宿主体内进行无性生殖，在羊等终末宿主体内进行有性生殖。是危害羊健康的主要寄生虫病之一。

## 第一节　双腔吸虫病

双腔吸虫病（Dicrocoeliasis）又称复腔吸虫病，是由双腔吸虫寄生于胆管和胆囊内所引起的，由于虫体比肝片吸虫小得多，故有些地方称之为小型肝蛭。本病在我国分布很广，特别是在西北及内蒙古各牧区流行比较广泛，感染率和感染强度远较片形吸虫为高，绵羊和山羊都可发生，对养羊业造成的损害很大。人也可被感染。

### 一、病原及其形态特征

病原是矛形双腔吸虫（*Dicrocoelium lanceatum*）和中华双腔吸虫（*D. chinensis*）。也称矛形歧腔吸虫和中华歧腔吸虫。

#### 1. 矛形双腔吸虫

虫体扁平、透明，呈柳叶状（矛形），肉眼可见到内部器官，长 7~10 毫米，宽 1.5~2.5 毫米。虫体最大宽度在中央部分稍偏后，前端尖狭，后端圆钝。新鲜标本呈棕红色，固定后变成灰色。有口、腹吸盘各 1 个，睾丸 2 个。睾丸前后斜向排列，稍分叶或呈不规则圆形。卵黄腺分布于虫体中央部两侧。虫体后半部几乎全被曲折的子宫所充满。子宫内充满虫卵。虫卵呈椭圆形，暗褐色，卵壳厚，两边不对称，长为 38~58 微米，宽

22~30 微米，卵内有两个左右不对称，柿子种子一样的颗粒状体，为双腔吸虫卵的特征，并且有发育成的毛蚴。虫卵抵抗力很强，能在 50℃经一昼夜不死。18~20℃干燥 1 周，仍有生命力。-23℃尚不会被杀死，并能耐受 -50℃的低温。因此在高寒牧区本病广为分布。其卵囊详见图 3-3-1。

### 2. 中华双腔吸虫

虫体扁平、透明，腹吸盘前方体部呈头锥样，其后两侧较宽，呈肩样突起；体长 3.5~9 毫米、宽 2.03~3.09 毫米。两个睾丸呈不正圆形，边缘不整齐或稍分叶，并列于腹吸盘之后。睾丸之后为卵巢。虫体后部充满子宫。虫体中部两侧为卵黄腺。虫卵与矛形双腔吸虫卵相似。

图 3-3-1　双腔吸虫卵
（郭志宏提供）

## 二、生活史

双腔吸虫在发育过程中需要有 2 个中间宿主：第 1 中间宿主是陆地蜗牛，第 2 中间宿主是蚂蚁。虫卵随胆汁流入肠道，从粪便排出。含有毛蚴的虫卵被陆地蜗牛吞食，毛蚴即在肠内从卵中孵出，穿过肠壁移行至肝脏发育，脱去纤毛，变成第一代胞蚴（母胞蚴），又发育成第二代胞蚴（子胞蚴），然后在第二代胞蚴体内发育成尾蚴。以后尾蚴从第二代胞蚴的产孔逸出，沿大静脉以肝移行到蜗牛的肺，再到呼吸腔，尾蚴在此集中起来，形成尾蚴囊群，称为胞囊（每个胞囊含有 100~300 个尾蚴）。胞囊经呼吸孔排出体外，黏附在植物或其他物体上。当第二中间宿主蚂蚁吞食尾蚴形成的黏团时，在蚂蚁腹腔内即发育成囊蚴。当羊吞食含有囊蚴的蚂蚁时，即感染复腔吸虫病。感染以后，在羊体内经 72~85 天发育而成熟。其生活史详见图 3-3-2。

## 三、症状

病羊表现因感染强度不同而有差异。轻度感染时，通常无明显症状。严重感染时，黏膜发黄，颌下水肿，消化反常，腹泻与便秘交替，逐渐消瘦，最后因极度衰竭而死亡。

## 四、剖检

尸体剖检时，可在肝脏内找到虫体。当虫体寄生多时，可引起胆管卡他性炎症和增生性炎症，胆管周围结缔组织增生。眼观大、小胆管变粗变厚，可能造成肝脏发生硬变肿大，肝表面形成瘢痕；胆管扩张。

## 五、诊断

生前主要采用水洗沉淀进行粪便检查的方法发现虫卵。死后剖检可用手将肝脏撕成小块，置入水中搅拌，沉淀，细心倾去上清液，反复数次，直至上清液清朗为止，然后在沉淀物中找出双腔吸虫虫体。

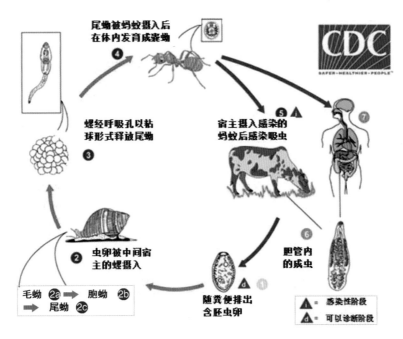

图 3-3-2　双腔吸虫生活史（来自 http://www.cdc.gov/）

**六、预防**

（1）以定期驱虫为主，同时加强饲养管理，以提高羊的抵抗力，并采取轮牧、消灭中间宿主和预防性驱虫。

（2）消灭中间宿主可采用下列各种办法。

① 发动群众拣捉蜗牛，或养鸡消灭蜗牛和蚂蚁。

② 铲除杂草，清除石子，消灭蜗牛及蚂蚁的孳生地。

③ 化学药品消灭蜗牛。用氯化钾，或 0.5‰硫酸铜能够杀死 60%~90 % 的蜗牛。

3. 对粪便进行堆肥发酵处理，以杀灭虫卵。

**七、治疗**

（1）益兽宁（氯氰碘柳胺钠片，250 毫克 ×50 毫克）口服，羊 10 毫克 / 千克体重，即每 5 千克体重 1 片。

（2）氯氰碘柳胺钠注射液皮下或肌肉注射，一次量羊每 1 千克体重 5 毫克或 0.1 毫升；每 2 只 10 毫升。

（3）肝虫清（三氯苯达唑片，100 毫克）内服，羊每 1 千克体重 5~10 毫克（相当于每 10~20 千克体重服用 1 片）。

（4）吡喹酮 65~80 毫克 / 千克体重，口服。

（青海省畜牧兽医科学院　郭志宏供稿）

# 第二节 片形吸虫病

肝片吸虫病即片形吸虫病（Fasciolosis，Liver fluke disease）又称肝蛭病，是一种发生较普遍、危害很严重的寄生虫病，其特征是发生急性或慢性肝炎和胆管炎，严重时伴有全身中毒和营养不良，生长发育受到影响，毛、肉品质显著降低，大批肝脏废弃，甚至引起大量羊只死亡，造成的损失很大。绵羊较山羊损失更大。肝脏病变和寄生于肝脏的肝片吸虫成虫详见图3-3-3，图3-3-4。

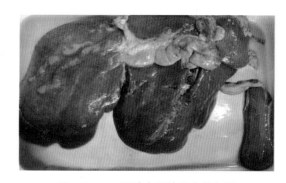 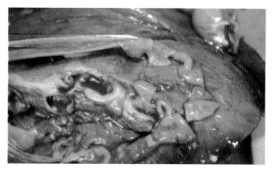

图3-3-3　肝脏表面的绳索状和胆　　　　图3-3-4　剪开胆囊可见肝片吸虫
囊肿大（郭志宏提供）　　　　　　　　　成虫（郭志宏提供）

## 一、病原及其形态特征

病原为肝片吸虫（*Fasciola hepatica*）（俗称柳叶虫）。虫体呈扁平叶状，长20~35毫米，宽5~13毫米。管内取出的新鲜活虫为棕红色，固定后呈灰白色。其前端呈圆锥状突起，称头锥。头锥基部变宽，形成肩部，肩部以后逐渐变窄。肝片吸虫成虫结构详见图3-3-5。虫卵呈椭圆形，黄褐色；长120~150微米，宽70~80微米；前端较窄，有一不明显的卵盖，后端较钝。在较薄而透明的卵内，充满卵黄细胞和1个胚细胞。肝片吸虫虫卵显微结构详见图3-3-6，图3-3-7。

## 二、生活史

肝片吸虫在发育过程中，需要通过中间宿主多种椎实螺（小土蜗、截口土蜗、椭圆萝卜螺及耳萝卜螺）。成虫阶段寄生在绵羊和山羊的肝脏胆管中。虫卵随粪便排到宿主体外孵化为毛蚴。毛蚴钻入椎实螺，脱去其纤毛表皮以后，生长发育为胞蚴；胞蚴呈袋状，经15~30天而形成雷蚴。每个胞蚴的体内可以生成15个以上的雷蚴。一般雷蚴的胚细胞多

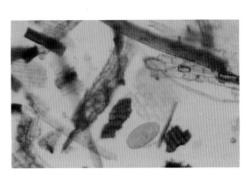

图 3-3-5　肝片吸虫成虫图 3-3-6　肝片吸虫虫卵　　　图 3-3-7　肝片吸虫卵（100×）

（郭志宏提供）　　　　（郭志宏提供）　　　　　　（郭志宏提供）

直接发育为尾蚴，有时则经过仔雷蚴阶段而发育成尾蚴。发育完成了的尾蚴，即由雷蚴体前部的生殖孔钻出，以后再钻出螺体而游入水中。尾蚴在水中作短时期游动以后，即附着于草上或其他东西上，或者就在水面上脱去尾部。而很快地（只需数分钟）形成囊蚴。当健康羊吞入带有囊蚴的草或饮水时，即感染片形吸虫病，囊蚴的包囊在消化道中被溶解，蚴虫即转入羊的肝脏和胆管中，逐渐发育为成虫。成虫经 2.5~4 个月的发育又开始产卵，卵再随羊的粪便排出体外，此后再经过毛蚴—胞蚴—雷蚴—尾蚴—囊蚴—成虫的各个发育阶段，继续不断地循环下去。绵羊由吞食囊蚴到粪便中出现虫卵，通常约需 89~116 天。

成虫在羊的肝脏内能够生存 3~5 年。肝片吸虫生活史、肝片吸虫中间宿主椎实螺、胞蚴和尾蚴显微结构详见图 3-3-8~图3-3-11。

## 三、症状

症状的表现程度，根据虫体多少、羊的年龄，以及感染后的饲养管理情况而不同。对于绵羊来说，当虫

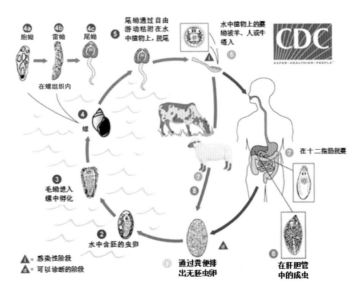

图 3-3-8　肝片吸虫生活史（来自 http://www.cdc.gov/parasites/Fasciola/biology.html）

图3-3-9 肝片吸虫中间宿主椎实螺（郭志宏提供）

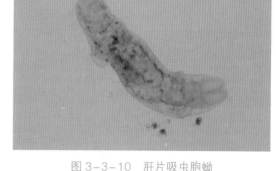

图3-3-10 肝片吸虫胞蚴（400×）（郭志宏提供）

体达到50个以上时才会发生显著症状，年龄小的症状更为明显。绵羊和山羊的症状有急性型和慢性型之分。

急性型：多见于秋季，表现是体温升高，精神沉郁；食欲废绝，偶有腹泻；肝脏叩诊时，半浊音区扩大，敏感性增高；病羊迅速贫血。有些病例表现症状后3~5天发生死亡。

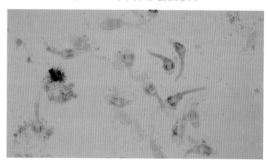

图3-3-11 肝片吸虫尾蚴（郭志宏提供）

慢性型：最为常见，可发生在任何季节。病的发展很慢，一般在1~2个月后体温稍有升高，食欲略见降低；眼睑、下颌、胸下及腹下部出现水肿。病程继续发展时，食欲趋于消失，表现卡他性肠炎，因之黏膜苍白，贫血剧烈。由于毒素危害以及代谢障碍，羊的被毛粗乱，无光泽，脆而易断，有局部脱毛现象。3~4个月后水肿更为严重，贫血更为剧烈，病羊更加消瘦。孕羊可能生产弱羔，甚至生产死胎。如不采取医疗措施，最后常发生死亡。

**四、诊断**

在本病发生地区，一般可以根据下颌肿胀、不吃、下痢、贫血等症状进行诊断。但要确诊，必须采用粪便检查法。粪便检查的方法很多，但大多数因操作复杂或试剂昂贵而不能在实践中推广，较好的方法是虫卵漂浮沉淀法。

**五、预防**

为了控制片形吸虫病，必须贯彻"预防为主"的方针，同时要发动广大饲养员和放牧人员，采取下列综合性防治措施。

（1）防止健羊吞入囊蚴。不要把羊舍建在低湿地区，不在有片形吸虫的潮湿牧场上放牧，不让羊饮用池塘、沼泽、水潭及沟渠里的脏水和死水，在潮湿牧场上割草时，必须割的高一些。否则，应将割后的牧草贮藏 6 个月以上饲用。

（2）进行定期驱虫。驱虫是预防本病的重要方法之一，应有计划地进行全群性驱虫，一般是每年进行 1 次，可在秋末冬初进行；对染病羊群，每年应进行 3 次：第 1 次在大量虫体成熟之前 20~30 天（成虫期前驱虫），第 2 次在第 1 次以后的 5 个月（成虫期驱虫），每 3 次在第 2 次以后的 2~2.5 个月。不论在什么时候发现羊患本病，都要及时进行驱虫。

（3）避免粪便散布虫卵。对病羊的粪便应经常用堆肥发酵的方法进行处理，杀死其中虫卵。对于施行驱虫的羊只，必须圈留 5~7 天，不让乱跑，对这一时期所排的粪便，更应严格进行消毒。对于被屠宰羊的肠内容物也要认真进行处理。

（4）防止病羊的肝脏散布病原体。为了达到这一目的，必须加强兽医卫生检验工作。对检查出严重感染的肝脏，应该全部废弃；对感染轻微的肝脏，应该废弃被感染的部分。将废弃的肝脏进行充分煮沸，然后用作其他动物的饲料。

（5）消灭中间宿主（螺蛳）。对于沼泽地和低洼的牧地进行排水，利用阳光曝晒的力量杀死螺蛳；对于较小而不能排水的死水地，可用 1∶50 000 的硫酸铜溶液定期喷洒，以杀死螺蛳，至少用 5000 毫升溶液 / 平方米，每年喷洒 1~2 次。也可用 2.5∶1 000 000 的血防 67 浸杀或喷杀椎实螺；可在湖沼周围养鸭养鹅进行生物灭螺。

## 六、治疗

经过粪便检查确实诊断出患本病的羊只，应及时发动群众进行治疗。驱虫治疗一般在春秋二季进行。有效驱虫药的种类很多，可根据当时当地情况选用。

（1）益兽宁（氯氰碘柳胺钠片，250×50 毫克）牛：5 毫克 / 千克体重即每 10 千克体重 1 片；羊 10 毫克 / 千克体重，即每 5 千克体重 1 片。

（2）氯氰碘柳胺钠注射液　皮下或肌肉注射 1 次量羊每 1 千克体重 5 毫克或 0.1 毫升；每 2 只 10 毫升，20 千克以上羔羊每 4 只 10 毫升。主要用于动物各类体内吸虫、线虫、钩虫及体外寄生节肢昆虫单独或混合感染的成虫、幼虫、移行期幼体及各期虫卵的扑杀。

（3）肝虫清（三氯苯达唑片，100 毫克）内服，羊每 1 千克体重 5 ~ 10 毫克（相当于每 10 ~ 20 千克体重服用 1 片。此药用量小，使用方便，疗效又好，深受群众欢迎。

（4）肝片吸虫流行时间较长、经常用药的地区，硝氯酚、硫双二氯酚和丙硫苯唑的效果不佳。下颌水肿严重而影响到呼吸、饮食困难时，应静脉注射 50% 葡萄糖，或者刺破水肿挤出液体。

（青海省畜牧兽医科学院 郭志宏供稿）

# 第三节  前后盘吸虫病
## （同端吸盘虫病、胃吸虫病）

前后盘吸虫病（Paramphistomosis）又名同端吸盘虫病、胃吸虫病或瘤胃吸虫病（Rumen fluke infestation），是指由前后盘科的吸虫寄生于瘤胃引起的疾病，因而称为瘤胃吸虫病。成虫寄生在羊的瘤胃和网胃壁上，危害不大；幼虫则因在发育过程中移行于真胃、小肠、胆管和胆囊，可造成较严重的疾病，甚至导致死亡。该病遍及全国各地，南方较北方更为多见。这是绵羊的一种急性寄生虫病，早期以十二指肠炎与腹泻为特征。

## 一、病原及其形态特征

病原为前后盘吸虫（Parmphistomum）。本科中的种类很多，其代表种是鹿前后盘吸虫（Parmphistomum cervi）和在我国最常见的长菲策吸虫（Fischoederius elongatus）。其成虫主要寄生在反刍动物的瘤胃壁上，有时在网胃和重瓣胃也可发现。大多数羊均有大量虫体寄生，危害一般不严重。如果有很多幼虫寄生在真胃、胆管、胆囊和小肠时，可以引起严重的寄生虫病。虫体形态因种类不同而差别很大。有的长数毫米，有的达 20 毫米以上；有的灰白色，有的深红色。它们的共同特征是虫体肥厚，呈圆锥状或圆柱状。口吸盘在虫体前端，另一吸盘较大，在虫体后端，故不称双口吸虫，而称前后盘吸虫。鹿前后盘吸虫为淡红色，圆锥形，长 5~11 毫米，宽 2~4 毫米。背面稍拱起，腹面略凹陷，有口吸盘和后吸盘各一。后吸盘位于虫体后端，吸附在羊的胃壁上。口吸盘内有口孔，直通食道，无咽。有盲肠两条，弯曲伸达虫体后部。有两个椭圆形略分叶的睾丸，前后排列于虫体的中部。睾丸后部有圆形卵巢。子宫弯曲，内充满虫卵。卵黄腺呈颗粒状，散布于虫体两侧，从口吸盘延伸到后吸盘。虫卵的形状与肝片吸虫很相似，灰白色，椭圆形，卵黄细胞不充满整个虫卵，只在一方面集结成群。

长菲策吸虫：为深红色，长圆筒形，前端稍尖，长为 10~23 毫米，宽 3~5 毫米。体腹面具有楔状大腹袋。两分叉的盲管仅达体中部。有分叶状的两个睾丸，斜列在后吸盘前方。圆形的卵巢位于两侧睾丸之间。卵黄腺呈小颗粒状，散布在虫体的两侧。子宫沿虫体中线向前通到生殖孔，开口于肠管分叉处的前方。虫卵和鹿前后盘吸虫相似。

## 二、生活史

前后盘吸虫的生活史与片形吸虫基本相似，所不同的是中间宿主是小椎实螺或尖口圆扁螺。而且羊感染囊蚴后，幼虫先在真胃、胆管、胆囊、小肠中寄生3~8周，最后返回到瘤胃中发育为成虫。其成虫以及在胃壁上的形态详见图3-3-12，图3-3-13。

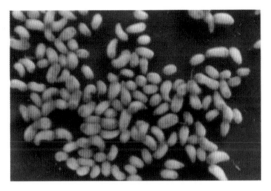

图 3-3-12　前后盘吸虫成虫
（郭志宏提供）

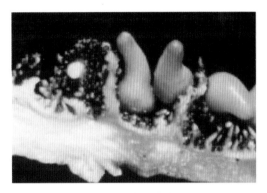

图 3-3-13　前后盘吸虫寄生在胃壁
上的形态（郭志宏提供）

## 三、症状

在幼虫大量侵入十二指肠期间，病羊精神沉郁，厌食，消瘦，数天后发生顽固性拉稀，粪便呈粥状或水样，恶臭，混有血液。以致病羊急剧消瘦，高度贫血，黏膜苍白，血液稀薄，红细胞在 $3 \times 10^{12}$ 个 / 升左右，血红蛋白含量降到40%以下。白细胞总数增高，出现核左移现象。体温一般正常。病至后期，精神萎靡，极度虚弱，眼睑、颌下、胸腹下部水肿，最后常因恶病质而死亡。成虫引起的症状也是消瘦、贫血、下痢和水肿，但经过缓慢。

## 四、剖检

在尸检时，大肠含有大量液体，混有血液。十二指肠肿胀、出血，可能含有大量幼吸虫。在死羊尸检或屠宰动物时可偶然发现瘤胃内有成年吸虫定位于前背囊的乳头中间。寄生于胃壁上的前后盘吸虫成虫详见图3-3-14~图3-3-16。

## 五、诊断

（1）生前诊断。幼虫引起的疾病，主要是根据临床症状，结合流行病学资料分析来判断。还可进行试验性驱虫，如果粪便中找到相当数量的幼虫或症状

图 3-3-14　胃壁上寄生的前后盘吸虫（郭志宏提供）

图 3-3-15　在胃壁上成片的前后盘
吸虫（马利青提供）

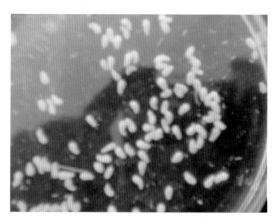

图 3-3-16　前后盘吸虫的虫体
（马利青提供）

好转，即可做出诊断；对成虫可用沉淀法在粪便中找出虫卵加以确诊。

（2）死后诊断。在瘤胃发现成虫或在其他器官找到幼小虫体，即可确诊，同时可以推测其他羊只是否患有该病。

### 六、防治

预防可参考片形吸虫病。治疗可用益兽宁（氯氰碘柳胺钠片）或氯氰碘柳胺钠注射剂，肝虫清（三氯苯达唑片），用量、用法均同片形吸虫病。

（青海省畜牧兽医科学院　郭志宏供稿）

# 第四节　胰管吸虫病

羊胰管吸虫病又称羊胰阔盘吸虫病，是由双腔科阔盘属的吸虫寄生于羊胰管中引起胰管炎症、贫血及营养障碍的寄生虫病。这种吸虫在发育过程中需要两个中间宿主（第1中间宿主为陆地螺，第2中间宿主为草螽）的参与。主要流行季节为春秋两季，尤以秋季为主。胰阔盘吸虫成虫、虫卵及生活史详见图3-3-17~图3-3-19。

（40~80）微米×（23~41）微米

图3-3-17　胰阔盘吸虫成虫
（郭志宏提供）

图3-3-18　胰阔盘吸虫卵（40~80）微米×（23~41）微米（郭志宏提供）

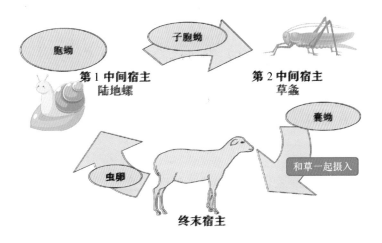

图3-3-19　胰阔盘吸虫生活史（郭志宏提供）

## 一、症状

由于虫体的机械刺激和毒素作用，可使羊胰管发生慢性增生性炎症和黏膜上皮渐进性坏死，导致管壁增厚，管腔缩小甚至闭塞，胰液排出受阻，因而发生消化障碍。轻度感染者症状不明显，严重感染者表现消瘦，毛色干枯，贫血，下痢，粪便带黏液，颌下、颈部和胸部可出现水肿，最后陷于恶病质而死亡。

## 二、诊断

在本病发生地区，如出现羊消瘦、毛色干枯、贫血，下痢、粪便带黏液，颌下、颈部和胸部水肿等症状就要怀疑本病。但要确诊必须采取粪便虫卵检查。

## 三、治疗

该病的流行地区每年 3—4 月对羊群进行粪检，对阳性羊逐头用 25 毫克 / 千克吡喹酮驱虫。

## 四、预防

疫区定期驱虫可减少虫卵对草场的污染。由于吸虫第 2 中间宿主草螨分布广泛，难以消灭，因此主要采取杀灭第 1 中间宿主陆地螺来切断生活链，可在每年 5—6 月陆地螺刚复苏从土里钻出而尚未开始繁殖时人工捕捉，集中火烧或砸碎深埋；划区放牧，防止再感染；培育无胰阔盘吸虫的健康羊，羔羊从断奶开始，移到安全区放牧管理，并逐年扩大健康羊群，最终达到净化目的。

（青海省畜牧兽医科学院 郭志宏供稿）

# 第一节　伤口蛆病

## 一、病原

牛、羊的伤口蛆病是由很多种蝇类的幼虫寄生于畜体伤口所引起的。现已知道在我国能引起这种病的蝇子有丽蝇、绿蝇、麻蝇等，其形态详见图3-4-1~图3-4-3。这些蝇的幼虫长大成熟的虫体长约1~1.7厘米，全身为12个环节；从伤口里取出的幼虫为乳白色，虫体前端尖细，具有尖锐的口钩1对，后部削平，有后气孔1对。

## 二、症状

图3-4-1　绿蝇（郭志宏提供）

图3-4-2　麻蝇（郭志宏提供）

伤口蛆病分布很广，危害很大，常见于夏、秋季节。雌蝇产卵生蛆或直接产下的蛆必须在动物活的组织内才能发育生存，因此，凡是牲畜身体某一部位因外伤所造成的新鲜伤口及肮脏的眼、耳、鼻孔、阴门、肛门等天然孔内，这种幼虫都可寄生。

幼虫寄生后会钻入伤口的健康组织内，以宿主的组织为营养发育长大；并能向组织深部爬行，甚至达到接近骨头处。当幼虫严重地损伤和破坏正常组织时，可看到伤口流出血水，伤口周围组织肿胀，伤口范围也会逐渐扩大。若受到细菌感染，便引起组织发炎、化脓或坏死。有的从伤口流出大量的脓血，气味特臭；伤口长期不能愈合。若擦去伤口上面的血迹、脓液，便可看到伤口内活动的蝇蛆。有时数目可达千条，严重者继发蜂窝织炎直至全身性感染。

图3-4-3　丽蝇（郭志宏提供）

常见有苍蝇追触创口叮咬，羊骚动不安，采食时会突然停止，用嘴腿不停啃咬或蹬患处，病羊日渐消瘦，甚至发生败血症而死亡。

### 三、治疗

治疗时先用镊子取出蝇蛆，将腐败组织清除干净；或用3%来苏尔溶液将蝇蛆冲洗出来，再以0.1%高锰酸钾溶液冲洗患部，涂以鱼石脂或松馏油、碘软膏。也可以直接涂上克辽林，不但可以将伤口内的蝇蛆杀死，还可以预防雌蝇在伤口上产卵生蛆。

平时要搞好圈舍内外的卫生，防止蝇类孳生。

（青海省畜牧兽医科学院　郭志宏供稿）

## 第二节　羊鼻蝇蛆病

### 一、临床症状

羊鼻蝇蛆病，又叫羊鼻蝇蚴病，是由狂蝇科、狂蝇属的羊鼻蝇的幼虫寄生于羊的鼻腔及其附近的腔窦内引起的一种寄生虫病。主要危害绵羊，其次是山羊。成蝇在每年温暖季节出现，尤以夏季为多。雌雄交配后，雄蝇死亡，雌蝇开始寻找羊只并突然飞向羊鼻孔，将幼虫产于羊鼻孔或鼻孔周围，雌蝇产完全部幼虫后死亡。第一期幼虫立即爬入鼻腔，固定于鼻黏膜上，并向鼻腔深部移行。在鼻腔、额窦等处蜕皮变为第二期幼虫，直到第二年春天，发育为第三期幼虫。第三期幼虫开始向鼻腔浅部移行。当患羊打喷嚏时，将虫体喷落于地面，幼虫钻入土中，化蛹，蛹又变为成蝇。羊鼻蝇幼虫、成虫详见图3-4-4，图3-4-5。

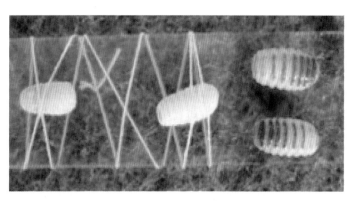

图3-4-4　羊鼻蝇幼虫、成虫（朱延旭提供）

图3-4-5　成虫背部有黄褐色的横带（朱延旭提供）

成蝇侵袭羊群产幼虫时，羊群骚动，惊恐不安，互相拥挤。被侵袭的羊频频摇头、喷鼻，有的奔跑躲闪，有的将鼻孔抵于地面，有的羊将头伸进其它羊的腹下或腿间，严重影响羊的正常采食和休息。

幼虫进入鼻腔后，以其腹面的小刺和口钩刺激损伤黏膜，引起鼻黏膜肿胀和发炎。患羊表现不安，打喷嚏、摇头、磨鼻、食欲减退，逐渐消瘦。当虫体或结痂堵塞鼻孔时病羊表现呼吸困难。个别幼虫可进入颅腔刺激、损伤脑膜，病羊表现运动失调，间歇性地做回旋运动，称其为"假回旋病"。

### 二、剖检变化

打开鼻腔、额窦及角窦可以发现不同发育时期的幼虫。

### 三、诊断要点

根据发病季节，临床症状，以及死后剖检在鼻腔、额窦等处发现虫体后确诊。当出现神经症状时，应与脑多头蚴病加以区别。羊鼻蝇蚴引起的假回旋病有以下特点，可作为与脑多头蚴病鉴别诊断的参考依据。

（1）患羊间歇性地向一侧做回旋运动，间歇时间长短不一，病情也时好时坏。

（2）患羊鼻腔内往往有虫体，经常喷鼻、以鼻触地，鼻孔周围有黑色浓痂。

（3）患羊脑部无变化，而对比检查两侧额窦，会发现病侧额窦稍有隆起。

（4）假回旋病大多由三期幼虫引起。从成蝇5—7月出现，幼虫在鼻腔、额窦内发育为三期幼虫需9个月时间，所以本病多发生在第二年的3—5月。

### 四、病例参考

患羊鼻孔周围不洁，鼻腔内有虫体，患羊见图3-4-6。三期幼虫在羊额窦见图3-4-7。鼻腔内的羊鼻蝇蛆见图3-4-8。

### 五、防控措施

1. 治疗方法

（1）消灭鼻腔内第一、第二期幼虫。敌百虫酒精溶液：精制敌百虫60克溶解在31毫升95%的酒精中，再加蒸馏水31毫升即配成，大羊2~3毫升，中等羊1~3毫升，小羊0.5~1毫升，肌肉注射；伊维菌素：每千克体重0.2毫克，一次颈部皮下注射。上述方法均需在11—12月进行。

（2）消灭鼻腔内的第三期幼虫。1%~2%的敌百虫水溶液，用去掉针头的注射器向鼻腔内喷射，每只成羊20毫升（每侧10毫升），中等羊16毫升（每侧8毫升），小羊12毫升（每侧6毫升）。3—4月进行，据实验，对第三期幼虫的驱杀率为100%。另外，此法也可用来消灭第一、第二期幼虫。但应在11—12月进行。此方法适用于个体养羊户的小规模羊群的治疗。也可用阿维菌素或伊维菌素按0.4毫克/千克 体重剂

图 3-4-6 羊鼻蝇蛆病患羊（郭志宏提供）

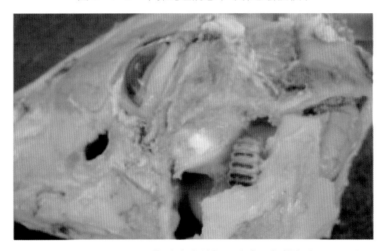

图 3-4-7 三期幼虫在羊额窦（朱延旭提供）

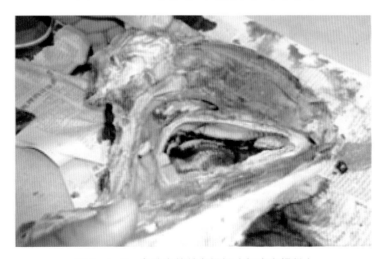

图 3-4-8 鼻腔内的羊鼻蝇蛆（郭志宏提供）

量口服，也可用伊维菌素注射液按 0.2 毫克 / 千克 体重，皮下注射。

2. 预防措施

在成蝇飞翔季节，为防止成蝇在羊鼻孔产幼虫，可向羊鼻孔周围涂擦药物，可防止成蝇产幼虫，还可以杀死已产出的第一期幼虫。

（辽宁省畜牧科学研究院　朱延旭供稿）

# 第五章

# 线虫

## 第一节 奥斯特线虫病

### 一、临床症状

羊奥斯特线虫病是圆形目（*Strongylidea*）毛圆科（*Trichostrongylidae*）奥斯特属（*Ostertagia*）的各种线虫寄生于羊消化道内引起的疾病。该属虫体俗称棕色胃虫，寄生于反刍兽的真胃和小肠。由于虫体的前端刺人胃肠黏膜，造成损伤，引起不同程度的发炎和出血，除上述机械性刺激外，虫体可以分泌一种特殊的毒素，防止血液凝固，致使血液由黏膜损伤处大量流失。有些虫体分泌的毒素，经羊体吸收后，可导致羊体血液再生机能的破坏或引起溶血而造成贫血。有的虫体毒素还可干扰羊体消化液的分泌、胃肠的蠕动和体内碳水化合物的代谢，使胃肠机能发生紊乱，妨碍了食物的消化和吸收，病羊呈现营养不良和一系列症状。其特征是引起贫血、消瘦、胃肠炎、顽固性下痢、水肿，衰弱和间歇性便秘等症状，增重减慢，产肉、产毛、产奶等生产性能下降，幼年羊发育受阻，畜产品质量下降，有时还继发病毒或细菌性疾病等，严重时引起死亡。而突出的危害是放牧羊在春季牧草萌发之前于营养缺乏同时发生的线虫性大批虫性下痢、春乏瘦弱死亡，直接影响牧业生产发展和牧户收入，给养羊业造成了巨大的经济损失。

### 二、剖检变化

剖检病变，成虫食道腺的分泌液，可使肠黏液增多，肠壁充血和增厚，呈肠黏膜的慢性炎症。幼虫阶段在小肠和大肠壁中形成结节，影响肠蠕动、食物的消化和吸收。结节在肠的腹膜面破溃时，可引起腹膜炎和泛发性粘连；向肠腔面破溃时，引起溃疡性和化脓性结肠炎。

可见尸体消瘦、贫血，内脏明显苍白，胸、腹腔内常积有多量淡黄色液体，胃和肠道各段有数量不等的线虫寄生。肝、脾呈不同程度萎缩、变形。真胃黏膜水肿，有出血点。

### 三、诊断要点

奥斯特线虫虫体中等大，长 10~12 毫米。口囊小。交合伞由两个侧叶和一个小的背叶组成。复肋基本上是并行的，中间分开，末端又互相靠近。背肋远端分两枝，每枝又分出 1 个或 2 个副枝。有副伞膜。交合刺较粗短。雌虫阴门在体后部，有些种有阴门盖，其形状不一。重要的种为环纹奥斯特线虫和三叉奥斯特线虫。卵呈椭圆形，大小为长 89~95 微米，宽 46~59 微米。

### 四、病例参考

羊奥斯特线虫病是羊的常发多发病，病原分布广泛，种类多，感染率高，感染强度大，特别在放牧羊多为复杂的混合感染。真胃、肠壁充血和增厚，呈肠黏膜的慢性炎症。幼虫阶段在真胃和小肠壁中形成结节。

奥斯特线虫虫体感染后第 15 天成熟，第 17 天可在粪便中发现虫卵。大部分虫体在 60 天内由宿主体内消失。奥斯特线虫较虫耐寒，在较冷地区，奥斯特线虫发生较多。已从羊检出的奥斯特线虫虫种有：野山羊奥斯特线虫（*Ostertagia. aegagri*）、安提平奥斯特线虫（*O. antipini*）、北方奥斯特线虫（*O. arctica*）、绵羊奥斯特线虫（*O. argunica*）、布里亚特奥斯特线虫（*O. buriatica*）、普通奥斯特线虫（*O. circumcincta*）、达呼尔奥斯特线虫（*O. dahurica*）、达氏奥斯特线虫（*O. davtiani*）、叶氏奥斯特线虫（*O. erschowi*）、甘肃奥斯特线虫（*O. gansuensis*）、古牛奥斯特线虫（*O. gruehneri*）、钩状奥斯特线虫（*O. hamata*）、异刺奥斯特线虫（*O. heterospiculagia*）、熊氏奥斯特线虫（*O. hsiungi*）、琴形奥斯特线虫（*O. lyrata*）、念青唐古拉奥斯特线虫（*O. niangingtangulaensis*）、西方奥斯特线虫（*O. occidentalis*）、阿洛夫奥斯特线虫（*O. orloffi*）、奥氏奥斯特线虫（*O. ostertagia*）、彼氏奥斯特线虫（*O. petrovi*）、短肋奥斯特线虫（*O. shortodoraslrsy*）、中华奥斯特线虫（*O. sinensis*）、斯氏奥斯特线虫（*O. skrjabini*）、三歧奥斯特线虫（*O. trifida*）、三叉奥斯特线虫（*O. trifurcata*）、伏氏奥斯特线虫（*O. volgainsis*）、吴兴奥斯特线虫（*O. wuxingensis*）、西藏奥斯特线虫（*O. xizangensis*）。

用土源性线虫生活史示意图说明该类线虫病的基本过程，L1 为线虫一期幼虫；L2 为线虫二期幼虫；L3 为线虫三期幼虫。

羊奥斯特线虫在发育过程中，不需要中间宿主。土源性线虫生活史如示意图 3-5-1 所示；图 3-5-2 为线虫的生活史；图 3-5-3 为肠道的寄生线虫；图 3-5-4 和图 3-5-5 为胃壁上寄生线虫；图 3-5-6 为剖检真胃病变；图 3-5-7~ 图 3-5-18 为不同线虫的鉴定特点。

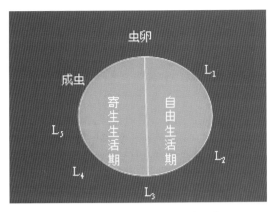

图 3-5-1　土源性线虫生活史示意图
（蔡进忠提供）

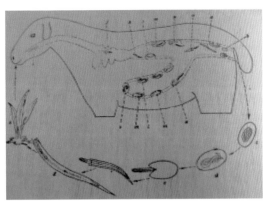

图 3-5-2　线虫的生活史
（蔡进忠提供）

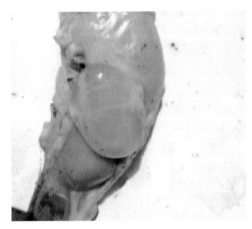

图 3-5-3　肠道的寄生线虫
（李春花提供）

图 3-5-4　胃壁上寄生线虫
（李春花提供）

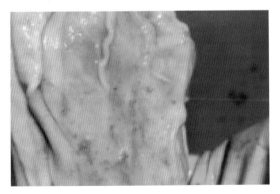

图 3-5-5　胃壁上寄生线虫
（李春花提供）

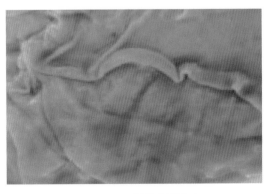

图 3-5-6　剖检真胃病变
（李春花提供）

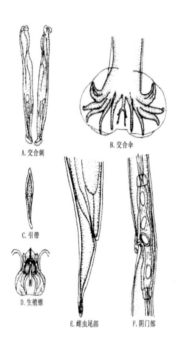

A. 交合刺　　　B. 交合伞

C. 引带

D. 生殖锥

E. 雌虫尾部　　F. 阴门部

图 3-5-7　三叉奥斯
特线虫（*Ostertagia
trifurcata*）
（蔡进忠提供）

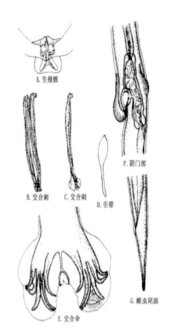

A. 生殖锥

F. 阴门部

B. 交合刺　　C. 交合刺　　D. 引带

E. 交合伞

G. 雌虫尾部

图 3-5-8　吴兴奥斯
特线虫（*Ostertagia
wuxingensis*）
（蔡进忠提供）

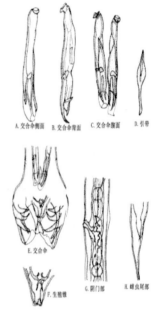

A. 交合伞侧面　B. 交合伞背面　C. 交合伞腹面　D. 引带

E. 交合伞

F. 生殖锥

G. 阴门部　　H. 雌虫尾部

图 3-5-9　斯氏奥斯
特线虫（*Ostertagia
skrjabini*）
（蔡进忠提供）

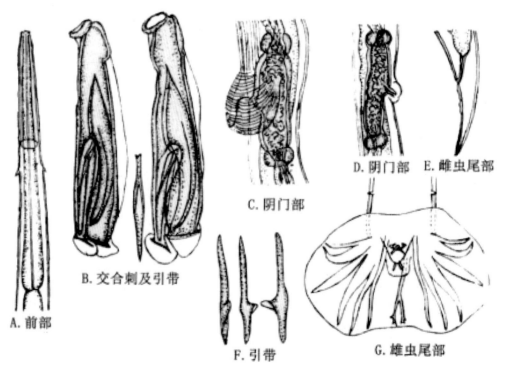

A. 前部

B. 交合刺及引带

C. 阴门部

D. 阴门部　　E. 雌虫尾部

F. 引带

G. 雄虫尾部

图 3-5-10　奥氏奥斯特线虫（*Ostertagia ostertagia*）（蔡进忠提供）

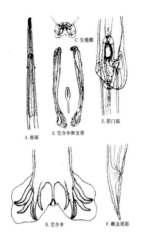

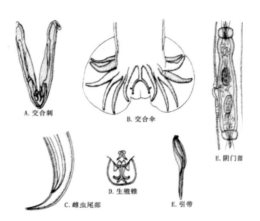

图 3-5-11 西方奥斯特线虫
（*Ostertagia occidentalis*）
（蔡进忠提供）

图 3-5-12 阿洛夫奥斯特线虫
（*Ostertagia orloffi*）
（蔡进忠提供）

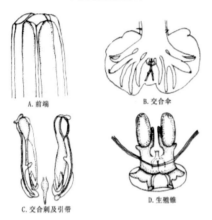

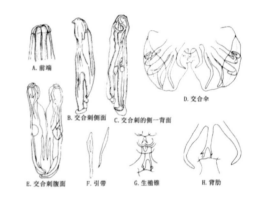

图 3-5-13 熊氏奥斯特线虫
（*Ostertagia hsiungi*）
（蔡进忠提供）

图 3-5-14 念青唐古拉奥斯特线虫
（*Ostertagia nianqingtanggulaensis*）
（蔡进忠提供）

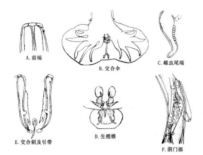

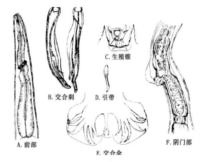

图 3-5-15 叶氏奥斯特线虫
（*Ostertagia erschowi*）
（蔡进忠提供）

图 3-5-16 达呼尔奥斯特线虫
（*Ostertagia dahurica*）
（蔡进忠提供）

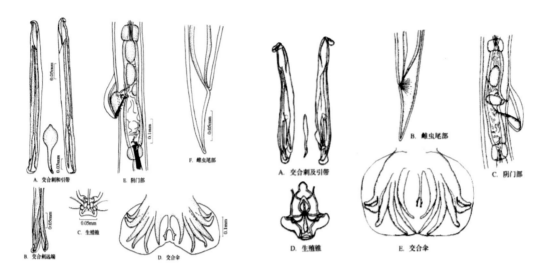

图 3-5-17 普通奥斯特线虫
（*Ostertagia circumcincta*）
（蔡进忠提供）

图 3-5-18 布里亚特奥斯特线虫
（*Ostertagia buriatica*）
（蔡进忠提供）

### 五、防控措施

（1）科学饲养：加强饲养管理，保持羊舍清洁干燥；注意饮水卫生，应避免在低湿的地方放牧，禁饮低洼地区的积水或死水；不要在清晨、傍晚或雨后放牧，尽量避开幼虫活动的时间，以减少感染机会；合理补饲精料，增强羊的抗病能力。

（2）粪便无害化处理：加强粪便管理，定期清理羊圈舍，对粪便进行发酵处理，杀灭虫卵和幼虫。特别注意不要让冲洗圈舍后的污水混入饮水，圈舍适时药物消毒。

（3）有条件时，合理轮牧或合理放牧。

（4）计划性驱虫：可根据当地的流行病学资料作出规划，一般冬、秋季各进行1次驱虫。其技术关键是"驱虫时间、对象、剂量、密度"，即在冬秋季，对线虫成虫及寄生期幼虫，使用有效剂量，高密度驱虫。

（5）可供选用的驱虫药物及使用剂量：

伊维菌素片剂，对线虫和节肢动物有效，1次量按0.3毫克/千克体重剂量口服。

伊维菌素注射剂，对线虫和节肢动物有效，1次量按0.2毫克/千克体重剂量皮下注射。

奥芬达唑片剂，对体内线虫、吸虫、绦虫有驱虫活性，1次量按5~7.5毫克/千克体重剂量口服。

硫苯咪唑片剂，对体内线虫、吸虫、绦虫有驱虫活性，1次量按7.5~10毫克/千克体重剂量口服。

　　阿苯达唑片剂，对体内线虫、吸虫、绦虫有驱活性，一次量按 10~15 毫克 / 千克剂量口服。

　　（6）注意事项：为避免线虫产生抗药性，采用交替用药的方法进行驱虫。保证投药剂量准确。给药后固定区域排虫。做好给药后绵羊粪便无害化处理。泌乳期羊在正常情况下禁止使用任何药物，因感染或发病必须用药时，药物残留期间的羊乳不作为商品乳出售，按《动物性食品中兽药最高残留限量》的规定执行休药期和弃乳期。对供屠宰的羊，应执行休药期规定。

（青海省畜牧兽医科学院　蔡进忠　李春花　雷萌桐供稿）

# 第二节　羊毛圆线虫病

## 一、临床症状

羊毛圆线虫病是圆形目（*Strongylidea*）毛圆科（*Trichostrongylidae*）毛圆属（*Trichostrongylus*）的各种线虫寄生于羊真胃、小肠和胰脏引起的疾病。羊在严重感染的情况下，可出现不同程度的贫血、消瘦、胃肠炎、下痢、下颌间隙及颈胸部水肿。幼畜发育受阻，血液检查红细胞减少，血红蛋白降低，淋巴细胞和嗜酸性白细胞增加。在短时间内严重感染时可引起急性发作，表现腹泻，急剧消瘦，体重迅速减轻，死亡。轻度感染时可引起食欲不振，生长受阻，消瘦、贫血、皮肤干燥，排软便和腹泻与便秘交替发生。少数病羊体温升高，呼吸、脉搏增数，心音减弱，最后导致病羊衰弱而死亡。

## 二、剖检变化

由于虫体的前端刺入胃肠黏膜，造成损伤，幼虫钻入黏膜上皮细胞与固有膜内的腺体之间，并形成通道，引起出血、水肿，血清蛋白流入肠腔发展为低蛋白血症。磷和钙的吸收受到抑制，导致骨质疏松。急性病例肠道病变表现为黏膜肿胀，特别是十二指肠，轻度充血，覆有黏液，刮取物于镜下可见到幼虫。慢性病例可见尸体消瘦，贫血，肝脏脂肪变性，黏膜肥厚，发炎和溃疡。

感染强度大时，不仅可引起胃肠道黏膜损伤，酶活性和体液成分改变，而且使动物的生产性能下降，影响畜牧业生产。

## 三、诊断要点

根据本病的流行情况，病羊的症状，死羊或病羊的剖检结果作综合判断。粪便虫卵计数法只能了解本病的感染强度，作为防控的依据。在条件许可的情况下，必要时可进行粪便培养，检查第三期幼虫。

该属虫体细小，一般不超过 7 毫米。呈淡红或褐色。缺口囊和颈乳突。排泄孔位于靠近体前端的一个明显的腹侧凹迹内。雄虫交合伞的侧叶大，背叶极不明显。腹肋特别细小，常与侧腹肋成直角。侧腹肋与侧肋并行，背肋小末端分小枝。交合刺短而粗，常有扭曲和隆起的脊，呈褐色。有引器。雌虫的阴门位于虫体的后半部内，子宫一向前，一向后。无阴门盖。尾端钝。虫卵呈椭圆形，壳薄。

#### 四、病例参考

蛇形毛圆线虫，虫体小，虫体丝状，呈淡黄色。体表具有细小的横纹而无纵纹。虫体前端无头泡。口腔不明显。无颈乳突。排泄孔十分显著，位于体前端，呈三角形的缺口。

寄生于羊消化道的毛圆线虫有以下几种：艾氏毛圆线虫（*T. axei*）、山羊毛圆线虫（*T. capricola*）、鹿毛圆线虫（*T. cervarius*）、蛇形毛圆线虫（*T. colubriformis*）、镰形毛圆线虫（*T. falculatus*）、钩状毛圆线虫（*T. hamatus*）、长刺毛圆线虫（*T. longispicularis*）、东方毛圆线虫（*T. orientalis*）、彼得毛圆线虫（*T. pietersei*）、枪形毛圆线虫（*T. probolurus*）、青海毛圆线虫（*T. qinghaiensis*）、斯氏毛圆线虫（*T. skrjabini*）、透明毛圆线虫（*T. vitrinus*）（图3-5-19～图3-5-24）。

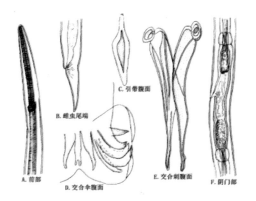

图3-5-19　青海毛圆线虫
（ *Trichostrongylus qinghaiensis* ）
（蔡进忠提供）

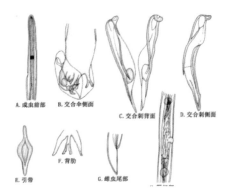

图3-5-20　祁连毛圆线虫
（ *Trichostrongylus qilianensis* ）
（蔡进忠提供）

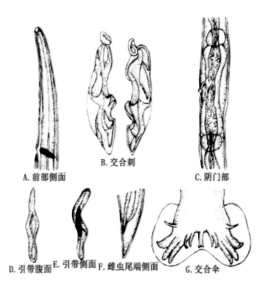

图3-5-21　枪形毛圆线虫（ *Trichostrongylus probolurus* ）（蔡进忠提供）

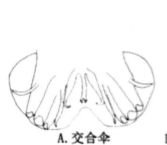
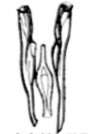

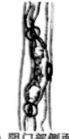
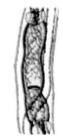

A. 交合伞　　　B. 交合刺和引带　C. 交合刺末端　D. 阴门部侧面　E.阴门部腹面

图 3-5-22　东方毛圆线虫（*Trichostrongylus orientalis*）（蔡进忠提供）

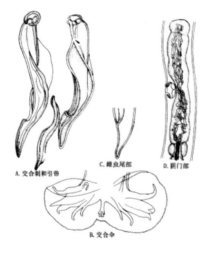
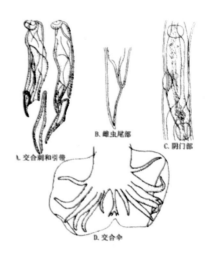

图 3-5-23　蛇形毛圆线虫
（*Trichostrongylus colubriformis*）
（蔡进忠提供）

图 3-5-24　艾氏毛圆线虫
（*Trichostrongylus axei*）
（蔡进忠提供）

　　发育史相对简单。虫卵随宿主粪便排至外界，在适宜条件下，经 5~6 天发育为第三期感染性幼虫。牛、羊吃草时经口感染。幼虫在小肠黏膜内进行第三次蜕皮，第四期幼虫重返肠腔，最后一次蜕皮后，在感染后 21~25 天发育为成虫。

　　绵羊和山羊，特别是断乳后至 1 岁的羔羊对毛圆线虫最易感。母羊往往是羔羊的感染源。毛圆线虫的第三期感染性幼虫对外界的抵抗力较强，在潮湿的土壤中可存活 3~4 个月，且耐低温，可在牧地上过冬。炎热、干旱的夏季对幼虫的发育和存活均不利。成年动物每年排卵出现两次高峰，一次是春季排卵大高峰，另一次是秋季排卵小高峰。第三期感染幼虫在牧地上全年也出现两次高峰，一次夏末秋初，一次是冬末春初。

　　**五、防控措施**

　　预防与治疗参照奥斯特线虫病的预防措施。

（青海省畜牧兽医科学院　蔡进忠供稿）

# 第三节 马歇尔线虫病

## 一、临床症状

马歇尔线虫病是圆形目（*Strongylidea*）毛圆科（*Trichostrongylidae*）马歇尔属（*Marshallagia*）的各种线虫寄生于羊消化道内引起的疾病。临床症状与奥斯特线虫相似。

## 二、剖检变化

剖检变化与奥斯特线虫相似。

## 三、诊断要点

根据本病的流行情况，病羊的症状，粪便虫卵检查，死羊或病羊的剖检结果作综合判断。在条件许可的情况下，必要时可进行粪便培养，检查第三期幼虫。

## 四、病例参考

马歇尔线虫虫体较大，淡黄色，体表布有横纹和纵纹，头端角质唇稍膨大。食道细长，后端稍变粗。颈乳突位于食道中部之前的两侧。神经环位于颈乳突前方，排泄孔位于神经环与颈乳突之间的腹面。羊马歇尔线虫病病原虫种有以下几种：短尾马歇尔线虫（*Marshallagiabrevicauda*）、许氏马歇尔线虫（*M. hsui*）、拉萨马歇尔线虫（*M. lasaensis*）、马氏马歇尔线虫（*M. marshalli*）、蒙古马歇尔线虫（*M. mongolica*）、东方马歇尔线虫（*M. orientalis*）、希氏马歇尔线虫（*M. shikhobalovi*）、新疆马歇尔线虫（*M. sinkiangensis*）、塔里木马歇尔线虫（*M. tarimanus*）、天山马歇尔线虫（*M. tianshanus*）（图3-5-25 ~ 图3-5-27）。

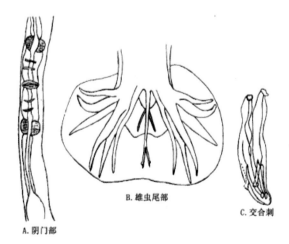

A. 阴门部
B. 雄虫尾部
C. 交合刺

图3-5-25 东方马歇尔线虫
（*Marshallagia orientalis*）
（蔡进忠提供）

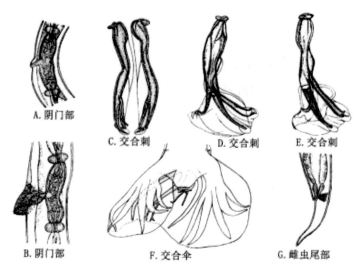

A. 阴门部

C. 交合刺　　D. 交合刺　　E. 交合刺

B. 阴门部　　　　F. 交合伞　　　　G. 雌虫尾部

图 3-5-26　马氏马歇尔线虫
（*Marshallagia marshalli*）
（蔡进忠提供）

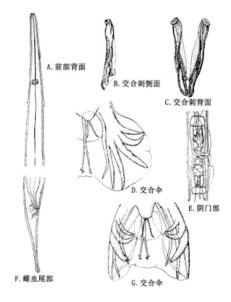

A. 前部背面

B. 交合刺侧面

C. 交合刺背面

D. 交合伞

E. 阴门部

F. 雌虫尾部

G. 交合伞

图 3-5-27　蒙古马歇尔线虫
（*Marshallagia mongolica*）
（蔡进忠提供）

**五、防控措施**

参照奥斯特线虫病的防控措施。

（青海省畜牧兽医科学院　蔡进忠　李春花　雷萌桐供稿）

# 第四节　细颈线虫病

## 一、临床症状

细颈线虫病是圆形目（*Strongylidea*）毛圆科（*Trichostrongylidae*）细颈属（*Nematodirus*）的各种线虫寄生于羊消化道内引起的疾病。羊感染严重时出现腹泻，食欲缺乏，衰弱，体重减轻等症状，但粪便中的虫卵很少。羊对再感染有抵抗力，特别是羔羊，在感染后两个月内出现抵抗力，表现为虫卵数量下降，体内虫体被排除。

## 二、剖检变化

剖检变化与奥斯特线虫相似。

## 三、诊断要点

根据本病的流行情况，病羊的症状，粪便虫卵检查，死羊或病羊的剖检结果作综合判断。在条件许可的情况下，必要时可进行粪便培养，检查第三期幼虫。

## 四、病例参考

该属虫体外观和捻转血矛线虫相似，但虫体前部呈细线状，而后部较宽。口缘有6个乳突围绕。头端角皮形成头泡，其后部有横纹。无颈乳突。交合伞有两个大的侧叶，上有圆形或椭圆形的隆起，背叶小，很不明显。腹肋密接并行，中侧肋和后侧肋相互靠紧，背肋为完全独立的两枝。交合刺细长，互相连结，远端包在一共同的薄膜内。无引器。雌虫阴门位于体后三分之一处，尾端平钝，带有一小刺。虫卵大，易与其他线虫卵区别，产出时内含8个细胞。

感染幼虫在小肠黏膜内发育，发育到成虫约需20天。细颈线虫对牛、羊均有较强致病力。病原有以下几种：畸形细颈线虫（*N. abnormali*）、钝刺细颈线虫（*N. apathiger*）、达氏细颈线虫（*N. davtiani*）、（*N. filicollis*）、许氏细颈线虫（*N. hsui*）、奥利春细颈线虫（*N. oriatianus*）（图3-5-28～图3-5-31）。

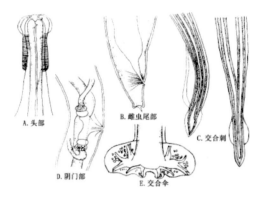

图 3-5-28　许氏细颈线虫
（Nematodirus hsui）
（蔡进忠提供）

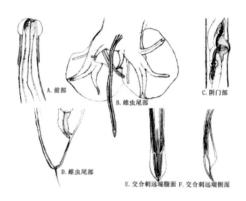

图 3-5-29　奥利春细颈线虫
（Nematodirus oriatianus）
（蔡进忠提供）

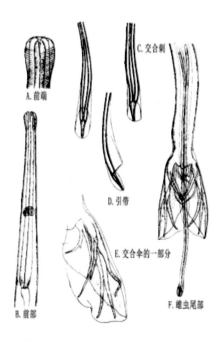

图 3-5-30　达氏细颈线虫
（Nematodirus davtiani）
（蔡进忠提供）

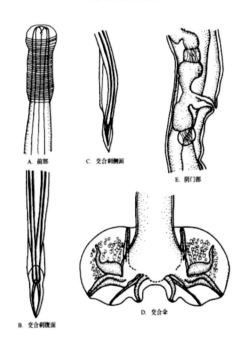

图 3-5-31　尖交合刺细颈线虫
（Nematodirus filicollis）
（蔡进忠提供）

## 五、防控措施

参照奥斯特线虫病的防控措施。

（青海省畜牧兽医科学院　蔡进忠供稿）

# 第五节　仰口线虫病（钩虫病）

## 一、临床症状

仰口线虫病又称钩虫病，是圆形目（*Strongylidea*）钩口科（*Ancylostomatidae*）仰口属（*Bunostomum*）的线虫寄生于绵羊及山羊小肠（以十二指肠部最多）引起的羊常见的寄生虫病。钩虫借其发达的角质口囊吸着于小肠黏膜，以吸食血液为主，患畜表现进行性贫血，严重消瘦，下颌水肿，顽固性下痢，粪带黑色。幼畜发育受阻，有时有神经症状。严重病例常会造成死亡。

## 二、剖检变化

尸体消瘦，贫血，水肿，皮下有浆液性浸润。血液色淡，水样，凝固不全。肺有淤血性出血和小点出血。十二指肠和空肠有大量虫体，游离于肠腔内容物中或附着在黏膜上。肠黏膜发炎，有出血点。肠内容物呈褐色或血红色。

## 三、诊断要点

羊的钩虫为乳白色或淡红色，是雌雄异体。雌虫长 15.5 ～ 21 毫米，尾钝而圆，阴门位于中部前方不远处。雄虫长 12.5 ～ 17 毫米，虫体前端弯向背面，因此口向上仰，故有仰口线虫之称。钩虫卵长 0.079 ～ 0.097 毫米，宽 0.047 ～ 0.050 毫米，颜色深，两端钝圆，一边较直，一边中部稍凹陷，在显微镜下观察时，显得肥胖，颇似肾脏，很容易识别。

应用饱和盐水漂浮法从粪便中检查虫卵，剖检中发现虫体时，即可确诊。

## 四、病例参考

仰口线虫的致病作用因虫体的发育期不同而不同。幼虫侵入皮肤时，引起发痒和皮炎，但一般不易察觉。幼虫移行到肺时引起肺出血，但通常无临床症状。小肠寄生期危害较大。成虫以口囊吸着于肠黏膜上，破坏绒毛，吸食血液。虫体离开后，留下伤口，血液继续流失。

羊仰口线虫病病原有羊仰口线虫（*B. trigonocephalam*）、牛仰口线虫（*B. phlebotomum*），多寄生于小肠，以十二指肠部最多。

虫卵随着粪便排出，在体外环境发育孵化为幼虫。如果环境潮湿，温度适宜，幼虫即经过两次蜕化，而变为侵袭性幼虫。侵袭性幼虫能够沿着潮湿的牧草移行，它侵入羊体的方式有两种：一种是由于羊只随着吃草或饮水将其吞进消化道；另一种是由于幼虫直接钻入皮肤。在宿主体内的发育过程，随着感染方式的不同而有区别。

病原形态结构详见图 3-5-32 ~ 图 3-5-35。

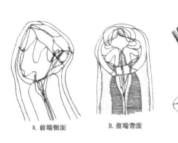

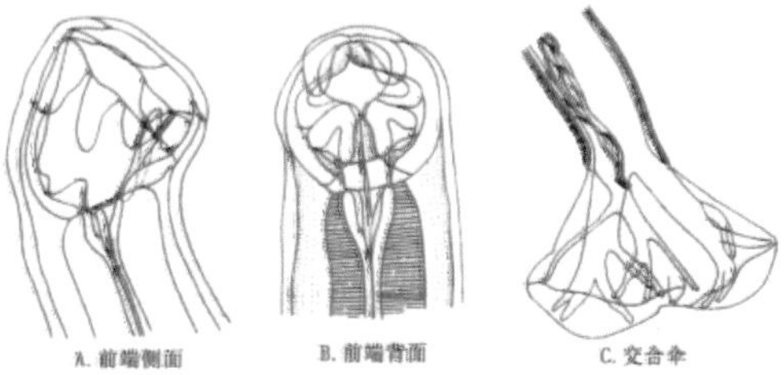

A. 前端侧面　　B. 前端背面　　C. 交合伞

图 3-5-32　羊仰口线虫
（*Bunostomum trigonocephalus*）
（蔡进忠提供）

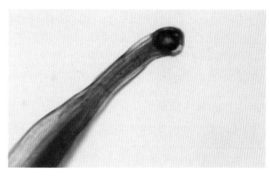

图 3-5-33　羊仰口线虫口囊
（*Mouth capsule of bunostomum
trigonocephalus*）
（蔡进忠 雷萌桐提供）

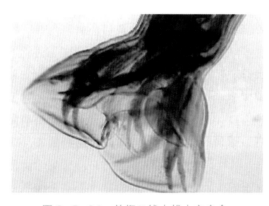

图 3-5-34　羊仰口线虫雄虫交合伞
（*Bunostomum trigonocephalus*）
（蔡进忠提供）

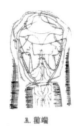

A. 前端　　　　B. 交合伞

图 3-5-35　牛仰口线虫
（*Bunostomum phlebotomum*）
（蔡进忠提供）

### 五、防控措施

参照奥斯特线虫病的防控措施。发现钩虫病之后，必须及早进行药物驱虫。如果患羊贫血严重，还应同时给予铁剂。

（青海省畜牧兽医科学院　蔡进忠　雷萌桐供稿）

# 第六节　毛尾线虫病（鞭虫病）

## 一、临床症状

毛尾线虫病，又称鞭虫病，是鞭虫目（*Trichuridea*）鞭虫科（*Trichuridae*）同物异名：毛首科（*Trichocephalidae*）毛体科（*Trichosomidae*），鞭虫属（*Trichuris*）同物异名：毛首属（*Trichocephalus*）鞭虫属（*Mastigodes*）的线虫寄生在家畜的大肠（主要是盲肠）引起的。整个虫体形似鞭子，故亦称鞭虫。临床上病畜表现为腹泻，食欲减少，贫血，消瘦，粪中带黏液，甚至带血，幼畜发育受阻，严重时可引起死亡。

## 二、剖检变化

本病局限于盲肠和结肠。虫体头部深入黏膜，虫体以其细长的头部深深刺入肠壁，造成机械性损伤，引起盲肠和结肠的慢性炎症。有时有出血性肠炎。严重感染时，盲肠和结肠黏膜有出血性坏死、水肿和溃疡，还有和结节虫病时相似的结节。加上虫体分泌的毒素作用，盲肠、结肠出现严重的卡他性炎症、出血性炎症、黏膜上还可以出现坏死、溃疡等。

## 三、诊断要点

该属虫体呈乳白色，细长，内含由一串串单细胞围绕着的食道，后为体部，短粗，内有肠和生殖器官。雄虫后部弯曲，泄殖腔在尾端，有一根交合刺，包藏在有刺的交合刺鞘内。雌虫尾不弯曲，后端钝圆，阴门位于粗细部交界处。虫体前部细，后部粗，外形像鞭子，所以又可称鞭虫。卵呈棕黄色，腰鼓形，卵壳厚，两端有塞。

取粪便用浮集法检查虫卵，虫卵形态特殊，呈腰鼓状，两端有卵塞，卵呈棕黄色，卵壳厚，刚排出时含一个卵细胞。

## 四、病例参考

毛尾线虫虫体较大，呈乳白色；前部细长，为食道部，约占虫体长度的2/3；后部粗大，为其体部。雄虫后端卷曲，有1根交合刺和能伸缩的交合刺鞘。雌虫尾直，末端钝圆，阴门位于虫体粗细交界处。毛尾线虫虫卵随粪便排至外界后，在30℃以上，约经1个月发育为感染性虫卵，感染性虫卵含第一期幼虫，径口感染宿主后，发育至成熟约需1个月。

毛尾线虫病病原虫种有如下几种：同色鞭虫（*T. concolor*）、无色鞭虫（*T. discolor*）、瞪羚鞭虫（*T. gazellae*）、球鞘鞭虫（*T. globulosa*）、印度鞭虫（*T. indicus*）、兰氏鞭虫（*T.*

*lani*）、长刺鞭虫（*T. longispiculus*）、羊鞭虫（*T. ovis*）、斯氏鞭虫（*T. skrjabini*）、武威鞭虫（*T. wuweiensis*）。

病原形态结构如图 3-5-36~ 图 3-5-45 所示。

图 3-5-36　毛尾线虫（*Trichuris*）（李春花　蔡进忠提供）

图 3-5-37　球鞘鞭虫（*Trichuris globulosa*）（蔡进忠提供）

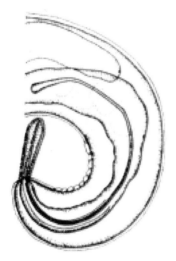

图 3-5-38　斯氏鞭虫（*Trichuris skrjabini*）（蔡进忠提供）

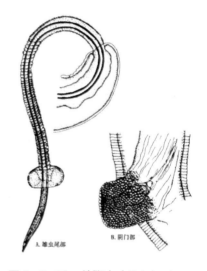

图 3-5-39　羊鞭虫（*Trichuris ovis*）（蔡进忠提供）

图 3-5-40　鞭形鞭虫（*Trichuris trichura*）（蔡进忠提供）

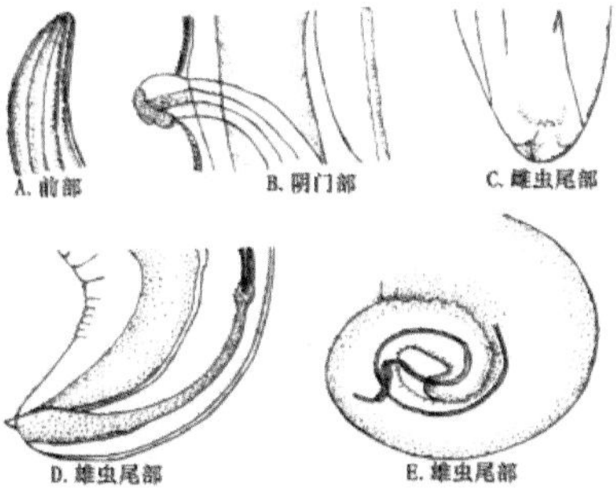

图 3-5-41　武威鞭虫（*Trichuris wuweiensis*）（蔡进忠提供）

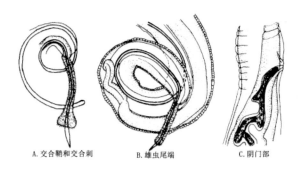

图 3-5-42 长刺鞭虫（*Trichuris longispiculus*）（蔡进忠提供）

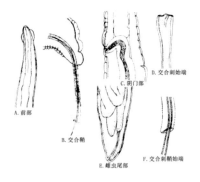

图 3-5-43 印度鞭虫（*Trichuris indicus*）（蔡进忠提供）

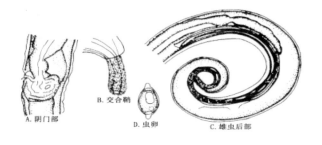

图 3-5-44 瞪羚鞭虫（*Trichuris gazellae*）（蔡进忠提供）

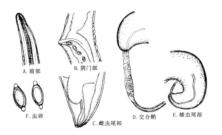

图 3-5-45 同色鞭虫（*Trichuris concolor*）（蔡进忠提供）

寄生阶段幼虫 1 月和 3—5 月维持在一定荷量水平，8—10 月和 12 月较高，其间 9 月份最高，其他月份荷量较低；成虫荷量 2 月最高，随后逐月下降，7—8 月和 11 月最低，9—10 月和 12 月稍高。

**五、防控措施**

参照奥斯特线虫病的防控措施。

（青海省畜牧兽医科学院 蔡进忠 李春花 雷萌桐供稿）

# 第七节　夏伯特线虫病

## 一、临床症状

夏伯特线虫病是由圆形目（*Strongylidea*）夏柏特科（*Chabertidae*）的夏柏特属（*Chabertia*）线虫寄生于羊只盲肠、结肠内引起的疾病。夏伯特线虫亦称阔口线虫。其特征是患畜眼结膜苍白、贫血、消瘦、消化紊乱，胃肠炎、顽固性下痢、粪便带黏液和血，水肿；严重病例下颌间隙水肿，机体发育受阻；少数病例体温升高，呼吸、脉搏频数及心音减弱，增重减慢、产肉、产毛、产奶等生产性能下降，幼年羊发育受阻，畜产品质量下降，有时还继发病毒或细菌性疾病等，少数病例体温升高，呼吸、脉搏频数及心音减弱，最终羊可因身体极度衰竭而死亡。而突出的危害是放牧羊在春季牧草萌发之前与营养缺乏同时发生的线虫性大批虫性下痢、春乏瘦弱死亡，直接影响牧业生产发展和牧户收入，给养羊业造成巨大的经济损失。

## 二、剖检变化

剖检病变，成虫食道腺的分泌液，可使肠黏液增多，肠壁充血和增厚，呈肠黏膜的慢性炎症。幼虫阶段在小肠和大肠壁中形成结节，影响肠蠕动、食物的消化和吸收。结节在肠的腹膜面破溃时，可引起腹膜炎和泛发性粘连；向肠腔面破溃时，引起溃疡性和化脓性结肠炎。

剖检病变，可见尸体消瘦、贫血，内脏明显苍白，胸、腹腔内常积有多量淡黄色液体，胃和肠道各段有数量不等的线虫寄生。肝、脾呈不同程度萎缩、变形。真胃黏膜水肿，有出血点。

## 三、诊断要点

根据本病的流行特点、病羊的症状可做出综合判断。对本病的生前诊断，可从直肠取粪或采取新鲜粪便，应用饱和盐水漂浮法和直接涂片法镜检虫卵。只要在粪检中发现大量虫卵存在，就可诊断。

在条件许可的情况下，必要时可进行粪便培养，检查第三期幼虫；对死羊或病羊采用寄生虫学蠕虫学剖检法检查胃肠道线虫可以确诊。

虫体前端有半球形的大口囊，口孔由两圈小叶冠围绕。雄虫交合伞发达，1对交合刺较细。雌虫阴门靠近肛门。

## 四、病例参考

夏伯特线虫以口囊吸附在宿主的结肠黏膜上，损伤黏膜，并经常更换吸着部位，使损伤更为广泛，引起黏膜水肿，发生溃疡。血管损伤严重时，引起出血。幼虫吸血，故严重感染时，引起贫血，红细胞减少，血红蛋白降低。

本病有明显的季节性和地区性。线虫成虫和寄生阶段幼虫、虫卵总的规律是寄生阶段幼虫8—12月逐月升高，并于5—6月达全年最高峰，冷季寄生阶段幼虫在羊体内占优势，暖季成虫占优势。冬季是幼虫寄生高峰期，春季是成虫高峰期。

夏伯特线虫病病原有2种：叶氏夏伯特线虫（*C. erschovi*）、羊夏伯特线虫（*C. ovina*）。病原形态结构详见图3-5-46 ~ 图3-5-48。

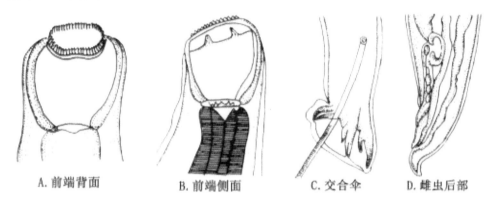

A. 前端背面　　　B. 前端侧面　　　C. 交合伞　　　D. 雌虫后部

图3-5-46 羊夏伯特线虫（*Chabertia ovina*）（蔡进忠提供）

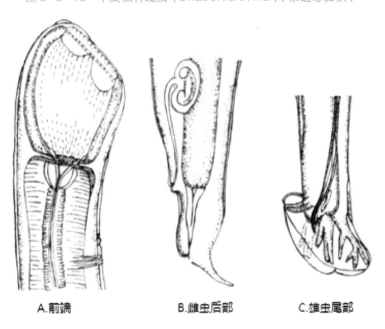

A. 前端　　　B. 雌虫后部　　　C. 雄虫尾部

图3-5-47 陕西夏伯特线虫（*Chabertia shanxiensis*）（蔡进忠提供）

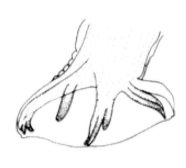

A.前端侧面

B.交合伞侧面

图3-5-48 叶氏夏伯特线虫（*Chabertia erschowi*）（蔡进忠提供）

绵羊夏伯特线虫是一种较大的乳白色线虫。前端稍向腹侧弯曲。有一半球形的大口囊，其前缘有两圈三角形叶片组成的叶冠。腹面有浅沟，颈沟前有稍膨大的头泡。雄虫虫长16.5～21.5毫米，有发达的交合伞，交合刺褐色。引器呈淡褐色。雌虫长22.5～26.0毫米，尾端尖，阴门距尾端0.3～0.4毫米。阴道长约0.15毫米。虫卵呈椭圆形，大小为长100～120微米，宽40～50微米。

叶氏夏伯特线虫无颈沟和头泡，外叶冠小叶呈圆锥形，内叶冠呈细长指状，尖端突出于外叶冠基部下方。雄虫长14.2～17.5毫米，雌虫长17.0～25.0毫米。

**五、防控措施**

参照奥斯特线虫病的防控措施。

（青海省畜牧兽医科学院 蔡进忠供稿）

# 第八节　羊眼虫病

## 一、临床症状

眼吸吮线虫病，即吸吮线虫病是由旋尾目（*Spiruridea*）吸吮科（*Thelaziidae*）、吸吮属（*Thelazia*）的多种吸吮线虫寄生于牛、羊的结膜囊、瞬膜（第三眼睑）下或泪管内引起的疾病。故又称眼线虫病。虫体较粗硬，病的特征是患羊发生结膜炎、角膜炎。主要表现为结膜炎、角膜炎，病羊眼球湿润、羞明流泪、畏光，结膜发红肿胀，结膜充血，甚至有时发生溃烂。角膜有不同程度的混浊。严重时造成角膜糜烂或溃疡，甚至穿孔，少数病例可引起失明。

严重感染时，还可出现全身性的症状，如食欲不振、烦燥、不安、摇头、泌乳量下降等，个别病例还可出现浆液性或脓性出血性鼻炎。

## 二、剖检变化

吸吮线虫病主要发生于夏、秋季节。湿度较高，气候炎热，为蝇类繁殖旺盛季节，是吸吮线虫感染和传播的高峰时期。只有中间宿主蝇类大量存在时才有流行的可能。各种年龄的羊都可感染，但以幼龄羊较常见，放牧羊群较舍饲羊感染严重。

## 三、诊断要点

当羊群中的结膜炎角膜炎有增多趋势时，可以怀疑有本病存在，即应多次检查眼睛，注意有无虫体寄生。在眼内发现吸吮线虫即能确诊。虫体爬至眼球表面时，很容易被发现。或用手轻压眼眦部，然后用镊子把第三眼睑提起，察看有无活动虫体。为了便于检查，可用1%~2%地卡因或2%~4%可卡因对眼球进行表面麻醉，使其失去知觉，在检查时保持安静状态，同时可促使虫体爬出或随麻醉液排出。

## 四、病例参考

致病作用主要表现为机械性地损伤动物结膜和角膜，引起结膜炎和角膜炎，并刺激泪液的分泌，如继发细菌感染时，则更为严重。

我国的常见虫种有：丽嫩吸吮线虫（*T. callipaeda*）和罗氏吸吮线虫（*T. rhodesii*），主要侵害黄牛、水牛、山羊、绵羊、马、野牛等。

丽嫩吸吮线虫，又称结膜吸吮线虫（*T. callipaeda*），吸吮线虫又叫结膜丝虫或东方眼虫，寄生在羊的结膜囊内、第三眼睑（瞬膜）下或泪管中。一般隐藏在眼内角瞬膜之后，偶尔可以迅速横过角膜。虫体有雌雄之分，致病的都是成熟的雌虫。从外形看，虫体细长、线状、半透明、浅红色，离开宿主后转为乳白色。体表除头尾两端外，均具有横纹。雄虫长 8 ~ 13 毫米，宽 0.275 ~ 0.75 毫米，尾卷曲，肛门周围有乳突（肛前 10 对，肛后 2~5 对），2 对交合刺长短不一。雌虫体长 10.45 ~ 20.00 毫米，宽 0.5 ~ 0.8 毫米，肛门在虫体前端。虫卵呈椭圆形，卵壳薄而透明，长 54 ~ 60 微米，宽 34 ~37 微米，产出时已含有胚胎。中间宿主为家蝇属的蝇类。

其形态结构如图 3-5-49 ~ 图 3-5-53 所示。

本病的流行与蝇的活动季节密切相关，而蝇的繁殖速度和生长季节又决定于当地气温和湿度等环境因素，故通常在温暖而湿度较高的季节，常有大批动物发病，干燥而寒冷的

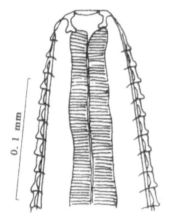

图 3-5-49　丽幼吸吮线虫
（*Thelazia callipaeda*）
雌虫前端侧面（蔡进忠提供）

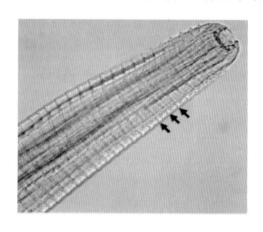

图 3-5-50　罗氏吸吮线虫（*Thelazia rhodesii*）前部，箭头表示穿过蠕虫表面角质层的条纹区域（Munang et al. 提供）

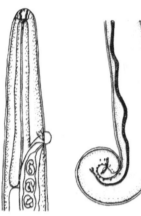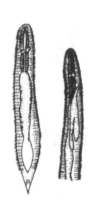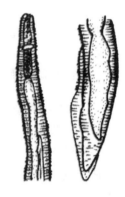

A：前部　　　B：雄虫后部　　　C：在蝇体内发育　　　D：在蝇体内发育
　　　　　　　　　　　　　　　　　9 天的幼虫　　　　　19 ~ 21 天的幼虫

图 3-5-51　丽幼吸吮线虫（*Thelazia callipaeda*）（蔡进忠提供）

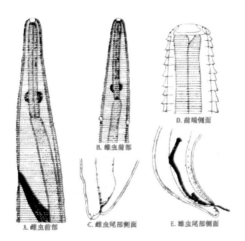

图 3-5-52　罗氏吸吮线虫
（*Thelazia rhodesii*）
（蔡进忠提供）

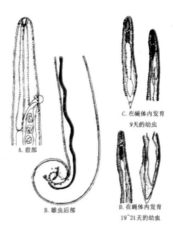

图 3-5-53　丽幼吸吮线虫
（*Thelazia callipaeda*）
（蔡进忠提供）

冬季则少见。各种年龄的动物均可受其害。在温暖地区，吸吮线虫可整年流行，在寒冷地区仅流行于夏秋两季。

**五、防控措施**

1. 预防

（1）进行预防性驱虫。在本病流行地区，于冬春季节（12 月至次年 3 月）每月进行 1次。驱虫方法可用 2%~3% 硼酸水、0.5% 来苏尔或 1% 敌百虫溶液 2~3 滴点眼。

（2）进行成虫期前驱虫。一般在 6 月至 7 月上旬，用上述驱虫方法进行，每月 2 次。

（3）消灭蝇类。注意羊棚舍内外的清洁卫生，用适当农药喷洒灭蝇。

2. 治疗

治疗原则是除去虫体，对炎症进行对症治疗。

（1）用机械方法取出虫体：可用镊子取出或棉花拭子刷掉虫体，事前应该用可卡因或地卡因进行麻醉。如果需要重复麻醉，最好用地卡因，因为可卡因有刺激性，重复应用时，有可能使角膜变为不清亮。取出虫体以后，用 2%~3% 硼酸水冲洗眼睛。

（2）用药液杀死虫体：可用 1% 的敌百虫、克辽林或 5% 胶体银点眼，早晚各 1 次。

（3）用药液将虫体冲洗出来：可用 2%~3% 硼酸水或 1∶1 500~2 000 碘溶液，隔5~6 天冲洗 1 次，共冲洗 2~3 次。

（4）对症治疗：对结膜炎角膜炎可用抗生素眼药水或眼药膏进行治疗。

（5）内服左旋咪唑：剂量为 8~10 毫克 / 千克体重，每天 1 次，连用 2 天。也可用5%~10% 左咪唑溶液点眼。

（青海省畜牧兽医科学院　蔡进忠　雷萌桐供稿）

# 第九节　肺丝虫病

## 一、临床症状

肺丝虫病是由网尾科（*Dictyocaulidae*）的网尾属（*Dictyocaulus*）和原圆科（*Protostrongylidae*）的原圆属（*Protostrongylus*）、锐尾属（*Spiulocauilus*）、变圆属（*Varestrongylus*）（同物异名：歧尾属（*Bicaulus*）、囊尾属（*Cystocaulus*），伪达科（*Psendaliidae*）缪勒属（*Muellerius*）等属的许多线虫寄生于羊的肺脏、气管、支气管、细支气管、肺泡等内引起的疾病。其中网尾科线虫较大，又称为大型肺线虫；原圆科的线虫较小，又称为小型肺线虫。该病绵羊和山羊都可感染，各地区常有流行，往往会造成羊只的大量死亡，给畜牧业生产造成了巨大的经济损失。

该病的主要症状是频咳、呼吸困难、呈腹式呼吸、食欲减退、可视黏膜苍白、肺部听诊有啰音、下痢及腹水等。特征症状是病羊将头颈部伸向前方，张口伸舌，好像要吐出异物那样连续不断地咳嗽。主要特点是阵发性咳嗽和流鼻涕等。

羊感染的首发症状为咳嗽。感染初期和感染轻的羊，症状不明显。中度感染时，咳嗽强烈而粗厉。严重感染时呼吸浅表，迫促并感痛苦。先是个别羊发生咳嗽，后常成群发作。羊被驱赶和夜间休息时咳嗽最为明显，在羊圈附近可以听到羊群的咳嗽声和拉风箱似的呼吸声。阵发性咳嗽发作时，常见患羊鼻孔流出黏液分泌物，镜检时见有虫卵和幼虫。液体干涸后在鼻孔周围形成痂皮；有时分泌物很黏稠，形成几寸长的绳索状物，悬在鼻孔下面。常打喷嚏。患羊逐渐消瘦，被毛干燥而粗乱，贫血，头胸部和四肢水肿，呼吸加快和困难，体温一般不升高。羔羊症状较严重，最后由于严重消瘦而死亡。当虫体与黏液缠绕成团而堵塞喉头时，亦可因窒息而死亡。

## 二、剖检变化

尸体消瘦、贫血。支气管和气管内充有黄白色或红色黏液性、黏脓性混有血丝的分泌物团块，其中含有很多伸直或呈团的虫体。支气管和气管的黏膜混浊、肿胀、充血，并有小出血点。支气管周围发炎，有不同程度的肺膨胀不全和肺气肿。在有虫体寄生的部位，肺表面稍有隆起，肺的边缘有肉样硬度的小结节，并呈灰白色，突出于肺的表面，触诊时有坚硬感，切开时可见到虫体。

### 三、诊断要点

根据以下症状进行确诊。

（1）有阵发性咳嗽和流鼻涕等临床症状特点，作为参考。

（2）主要从粪便中检查，其特点是前端有纽扣状结节，此点可与其他幼虫相区别。有时可从鼻涕中发现幼虫或虫卵。

（3）应用贝尔曼氏法检查粪便中幼虫，剖检在支气管和小支气管内检出虫体时，即可确诊。

### 四、病例参考

网尾科线虫较大，为大型肺线虫，致病力强，在春乏季节常呈地方性流行，可造成羊尤其是羔羊大批死亡。原圆科线虫较小，为小型肺线虫，种类较多，由于发育过程中需要中间宿主参加，故危害比大型肺线虫轻。

肺丝虫病是一种在羊肺中寄生的线虫，由于成虫在支气管内大量产卵，虫卵随着咳嗽被吐出到口腔，咽下后移动到消化道内，最后随着粪便排出体外。它们在虫卵中形成幼虫，含幼虫卵或以第一期幼虫的形态排泄于粪便中，然后传播。羊初次感染后对再感染产生抵抗力，主要表现为再感染的幼虫不能到达肺部，从而不出现肺部感染。

大型肺线虫中，丝状网尾线虫是危害羊的主要寄生虫，为大型白色虫体，肠管呈黑色穿行于体内，口囊小而浅。雄虫体长 30~80 毫米；交合伞的中侧肋和后侧肋合并，仅末端分开；1 对交合刺粗短，为多孔状结构，黄褐色，呈靴状。雌虫体长 50～112 毫米，阴门位于虫体中部附近。小型肺线虫中缪勒属和原圆属线虫分布最广，危害也较大。这类线虫虫体纤细，体长 12~28 毫米，肉眼刚能看见；小型肺线虫不同于大型肺线虫，在发育过程中需要中间宿主的参加。

病原虫种有：鹿网尾线虫（*D. eckerti*）、丝状网尾线虫（*D. filaria*）、胎生网尾线虫（*D. viviparus*）、凯氏原圆线虫（*P. camereni*）、达氏原圆线虫（*P. davtiane*）、霍氏原圆线虫（*P. hobmaieri*）、赖氏原圆线虫（*P. raillieti*）、淡红原圆线虫（*P. rufescens*）同物异名：柯氏原圆线虫（*P. kochi*）、斯氏原圆线虫（*P. skrjabini*）、邝氏刺尾线虫（*S. kwongi*）、劳氏刺尾线虫（*S. leuckasti*）、奥氏刺尾线虫（*S. orloffi*）、中卫刺尾线虫（*S. zhongweiensis*）、肺变圆线虫（*V. pneumonicus*）同物异名：舒氏歧尾线虫（*Bicaulus schulzi*）、青海变圆线虫（*V. qinghaiensis*）、舒氏变圆线虫（*V. schulzi*）、西南变圆线虫（*V. xinanensis*）、有鞘囊尾线虫（*C. ocreatus*）同物异名：黑色囊尾线虫（*C. nigrescens*）、毛细缪勒线虫（*M. capillaris*）。

其形态结构详见图 3-5-55 ~ 图 3-5-73。

图 3-5-54 分离线虫第一期幼虫（李春花提供）

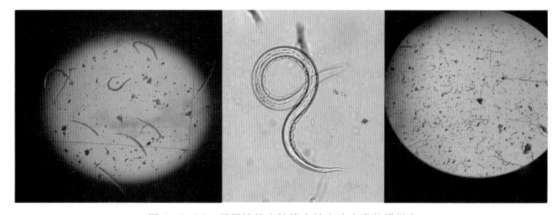

图 3-5-55 显微镜检查肺线虫幼虫（李春花提供）

图 3-5-56 剖检出寄生于羊气管、支气管中的肺线虫（李春花提供）

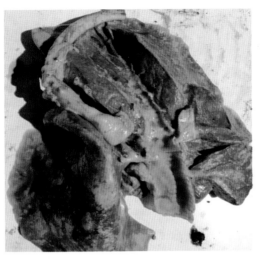

图 3-5-57　肺线虫引起的肺部病变（李春花提供）

图 3-5-58　检出的肺线虫（李春花提供）

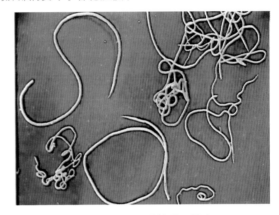

图 3-5-59　丝状网尾线虫
（*Dictyocaulus filaria*）
（李春花提供）

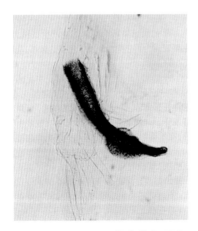

图 3-5-60　网尾线虫雄虫尾端
（*Dictyocaulus*）（蔡进忠提供）

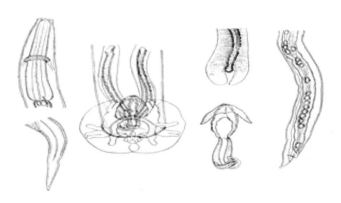

图 3-5-61　原圆线虫图（*Protostrongylus*）
（蔡进忠提供）

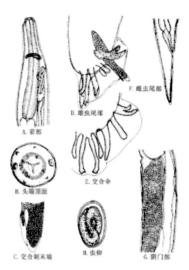

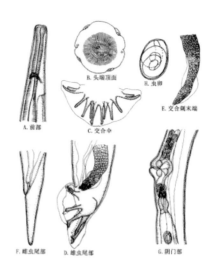

图 3-5-62　胎生网尾线虫
（ *Dictyocaulus viviparus* ）
（蔡进忠提供）

图 3-5-63　丝状网尾线虫
（ *Dictyocaulus filaria* ）
（蔡进忠提供）

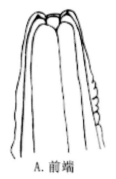

A. 前端　　　　　　B. 头端顶面　　　　　C. 雄虫尾部　　　　D. 雌虫后部

图 3-5-64　毛细缪勒线虫（ *Muellerius miutissimus* ）（蔡进忠提供）

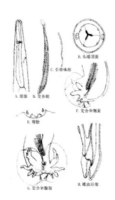

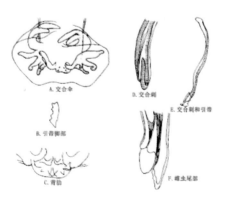

图 3-5-65　舒氏变圆线虫
（ *Varestrongylus schulzi* ）
（蔡进忠提供）

图 3-5-66　肺变圆线虫
（ *Varestrongylus pneumonicus* ）
（蔡进忠提供）

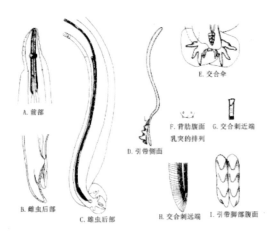

图 3-5-67 青海变圆线虫（*Varestrongylus qinghaiensis*）
（蔡进忠提供）

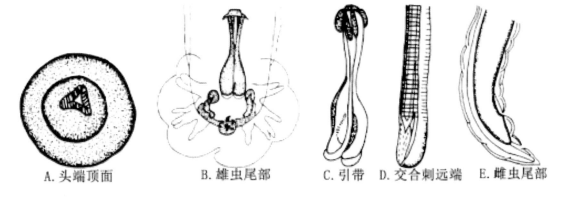

图 3-5-68 中卫刺尾线虫（*Spiculocaulus zhongweiensis*）
（蔡进忠提供）

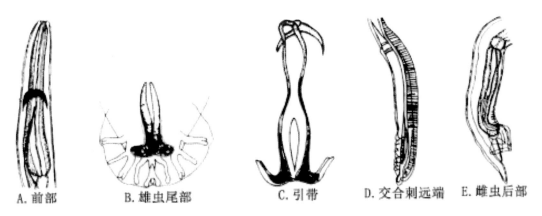

图 3-5-69 有鞘囊尾线虫（*Cystocaulus ocreatus*）（蔡进忠提供）

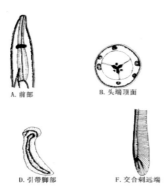

图 3-5-70　邝氏刺尾线虫
（ *Spiculocaulus kwongi* ）
（蔡进忠提供）

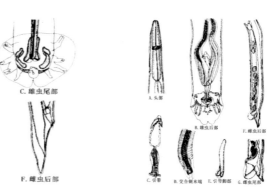

图 3-5-71　赖氏原圆线虫
（ *Protostrongylus raillieti* ）
（蔡进忠提供）

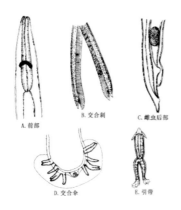

图 3-5-72　淡红原圆线虫
（ *Protostrongylus rufescens* ）
（蔡进忠提供）

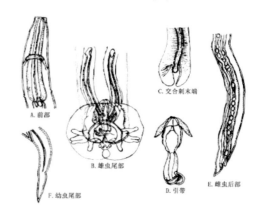

图 3-5-73　霍氏原圆线虫
（ *Protostrongylus hobmaieri* ）
（蔡进忠提供）

发病规律：原圆科线虫的发育需要中间宿主螺蛳，放牧绵羊体内的自然消长规律是：幼虫荷量 1 月最高，2—7 月和 10—11 月维持一定荷量水平，8—9 月最低。成虫荷量水平，2—6 月维持在较高荷量水平，其间 3 月最高，7 月锐减，8—11 月维持在低荷量水平，12 月到翌年 1 月稍有长高。原圆科线虫寄生阶段幼虫 1 月在羊体内为高峰期，成虫 3 月为高峰期。

### 五、防控措施

参照奥斯特线虫病的防控措施。

此外，在肺丝虫病的常发地，因隐性感染羊较多，故要对全群羊进行粪便检查（图 3-5-54），如果阳性羊占检查羊的 1/3，则应对全群羊投予驱虫药。

左旋咪唑口服，一次按 7.5~10 毫克 / 千克剂量，对肺丝虫病有高效。

（青海省畜牧兽医科学院　蔡进忠　李春花　雷萌桐供稿）

# 第十节　山羊脊髓丝虫病羊脑脊髓丝虫病

## 一、临床症状

脑脊髓丝虫病是由丝虫目（*Filariidea*）丝状科（*Setariidae*）丝状属（*Setaria*）的指形丝状线虫（*S. digitata*）和唇乳突丝状线虫（*S. labiatopapillosa*）的幼虫侵袭性随血流入山羊的脑或脊髓腔中而引起的疾病。

该病发病突然，病初患羊站立不稳，后肢提举不充分，步态异常，运步时蹄尖轻微拖地（滚蹄），后肢强拘无力，行走缓慢，后躯摇摆。随着病程延长，病羊运步时两后肢外张，捻蹄或蹄头拖地前进。最后，后坐于地（犬坐姿式），人为强行扶起也不能站立。采食、粪尿正常，针刺后肢有反射，用手触摸两后肢皮温冰凉。

病的特征是患羊后躯歪斜、行走困难、卧地不起、褥疮、食欲下降、消瘦、贫血而死亡。

### 1. 急性型

发病急骤，神经症状明显。山羊在放牧时突然倒地不起，眼球上翻，颈部肌肉强直或痉挛或颈部歪斜，呈兴奋、骚乱、空嚼及叫鸣等神经症状。此种急性抽搐过去后，有时可见全身肌肉强直，完全不能起立，如果将羊扶起，可见四肢强直，向两侧叉开，步态不稳，如醉酒状。当颈部痉挛严重时，病羊向斜侧转圈。由于卧地不起，头部又不住抽搐，致使眼皮受到摩擦而充血，眼眶周围的皮肤被磨破；呈现显著的结膜炎，甚至发生外伤性角膜炎。

### 2. 慢性型

该型较多见，病初患羊无力，步态跛跛，多发生于一侧后肢，有时见于同侧二肢，也有两后肢同时发生的。此时体温、呼吸、脉搏无变化，患羊可继续正常存活，但多遗留臀部歪斜及斜尾等症状；运动时，容易跌倒，但可自行起立，继续前进，故病羊仍可随群放牧，母羊产奶量仍不降低。当病情加剧，两后肢完全麻痹，则患羊呈犬坐姿势，不能起立，但食欲精神仍正常。直至长期卧地，发生褥疮才食欲下降，逐渐消瘦，贫血，终至发生死亡。

## 二、剖检变化

尸体解剖变化完全限于脑及脊髓。脑部变化比脊髓轻微。眼观变化不如病理组织学变化显著。

病变主要是在脑脊髓的硬膜，蛛网膜有浆液性、纤维素性炎症和胶样浸润灶，以及大小不等的呈红褐色、暗红色或绛红色的出血灶，在其附近有时可发现虫体。脑脊髓实质病变明显，以白质区为多，可见由于虫体引起的大小不等的斑点状、线条状的黄褐色破坏性病灶，以及形成大小不同的空洞和液化灶。

组织学检查，发病部的脑脊髓呈现非化脓性炎症，神经细胞变性，血管周围出血、水肿，并形成管套状变化。在脑脊髓神经组织的虫伤性液化坏死灶内，可见有大型色素性细胞，经铁染色，证实为吞噬细胞，这是该病的一个特征性变化。

### 三、诊断要点

根据流行病学和临床症状，可作出初步诊断。病初患羊总是后肢强拘，提举伸扬不充分，蹄尖拖地，行动缓慢，甚至运步困难，步样跛跄，斜行。取动物外周血液检查，发现微丝蚴即可确诊。

### 四、病例参考

羊脑脊髓丝状线虫病的病原体是丝状线虫的幼虫，该病原体成虫寄生于牛的腹腔，雌虫在牛腹腔产生微丝蚴随血流到体表末梢血管中，蚊虫叮咬牛时，随血液将微丝蚴吸入体内，经蜕化、发育成侵袭性幼虫，当蚊虫再次叮咬山羊时，侵袭性幼虫随血流入山羊的脑或脊髓腔中，破坏重要的中枢神经组织，使羊发病。而引起本病。

指形丝状线虫口孔呈圆形，口环的侧突起为三角形，且较鹿丝状线虫的为大。背、腹突起上有凹迹。雄虫长 40~50 毫米，交合刺两根，长分别为 130~140 微米和 250~270 微米。雌虫长 60~80 毫米，尾末端为一小的球形膨大，其表面光滑或稍粗糙。微丝蚴有鞘，长 240~260 微米。

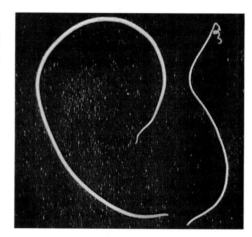

图 3-5-74　指形丝状线虫
（*Setaria digitata*）
（蔡进忠提供）

其形态结构详见图 3-5-74~ 图 3-5-78。

绝大部分虫体均能见到神经环，食道的肌、腺部以及肠道，而尾部的侧附肢以及扣状突起明显存在，虫体的生殖器官未发育。

生活史：成虫于牛腹腔内产出微丝蚴（胎生），微丝蚴进入宿主的血液中，半周期性地出现于末梢血液中，中间宿主蚊类吸血时进入蚊体，经 14 天左右发育成为感染性微丝蚴（第三期幼虫），长 2 300 微米，然后集中到蚊的胸肌和口器内，当带有此类虫体的蚊吸取山羊血液时，将感染性幼虫注入非固有宿主羊体内，可经淋巴（血液）侵入脑脊髓表面，发育为幼虫，长 1.5 ~4.5 厘米，形态结构类似成虫。在其发育过程中，引起脑脊髓

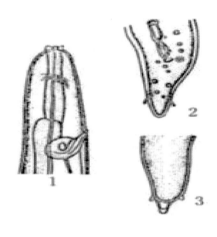

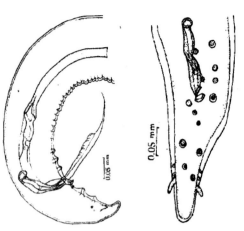

图3-5-75 指形丝状线虫
（Setaria digitata）
（蔡进忠提供）

1.虫体头端；2.雄虫尾端；3.雌虫尾端

图3-5-76 指形丝状吸虫
（Setaria digitata）
（吴淑卿等提供）

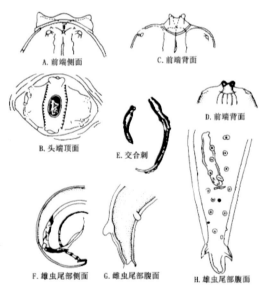

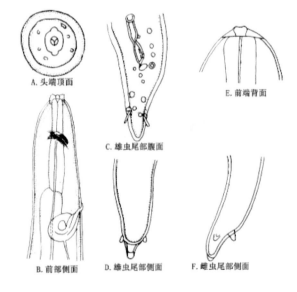

图3-5-77 唇乳突丝状线虫
（Setaria labiatepapillosa）
（蔡进忠提供）

图3-5-78 指形丝状线虫
（Setaria digitata）
（蔡进忠提供）

丝虫病。本病流行与海拔的高低成反比关系。

**五、防控措施**

1.预防

预防措施包括杀灭吸血昆虫和防止吸血昆虫叮咬终末宿主，在蚊子飞翔季节常以杀蚊药物喷洒羊舍或烟熏。

在本病流行地区应注意查治病牛，对血液中有微丝蚴的牛进行治疗，皮下注射海群生，按 10 毫克 / 千克体重剂量，每天 1 次，连用 7 天，可杀死微丝蚴，但不能杀死成虫。

注意搞好环境卫生，铲除蚊虫的滋生地，应用杀虫剂驱杀蚊虫，以切断传播途径；必要时可进行药物预防。

2. 治疗

治疗应在早期诊断的基础上及早进行，以免虫体侵害脑脊髓实质，造成不易恢复的虫伤性病灶。可选用以下药物。

（1）枸橼酸乙胺嗪：剂量按每千克体重 100 毫克，每天 1 次，口服，连用 2~5 天，对轻症患羊效果良好。

（2）丙硫咪唑：按每千克体重 20~30 毫克 / 千克，每天 1 次，口服，连用 3~5 天，有一定疗效。

（3）左旋咪唑：按每千克体重 8~10 毫克，每天 1 次，口服，连用 2~3 天，有一定疗效。

（4）酒石酸锑钾：用 4% 酒石酸锑钾静脉注射，按每千克体重 8 毫克计算，注射 3~4 次，隔日 1 次。

（青海省畜牧兽医科学院兽医研究所 蔡进忠 雷萌桐供稿）

# 第十一节　血矛线虫病

## 一、临床症状

血矛线虫病是由圆形目（Strongylidea）毛圆科（Trichostrongylidae）血矛属（Haemonchus）的多种线虫寄生于羊真胃（偶见于小肠内）引起的寄生虫病。本病主要发生在气候温暖潮湿的夏秋季节。本病既是反刍牲畜毛圆线虫病的主要病原，又是一种对绵羊危害比较严重的传染性寄生虫病。其中以捻转血矛线虫病较为常见，引起病羊贫血、消瘦、被毛粗乱、精神萎靡、慢性消耗性症状，放牧时离群，严重时卧地不起。常见大便秘结，干硬的粪中带有黏液，下颌水肿。一般病程数月，最后十分消瘦而死亡。

急性型以肥壮羔羊突然死亡为特征，死亡羊眼结膜苍白，高度贫血。亚急性羊的特征是显著贫血，结膜苍白，下颌间和前胸腹下水肿，身体逐渐衰弱，被毛粗乱无光，放牧时落群，甚至卧地不起，下痢与便秘交替发生。若治疗不及时，多转为慢性。慢性型病羊症状不明显，主要表现消瘦，被毛粗乱，体温一般正常，在放牧时发病羊中，发现早期大都是以肥壮羔羊突然死亡为特征，以后病羊便出现亚急性症状。严重感染可引起羊群大批死亡。

## 二、剖检变化

真胃黏膜有严重的大面积出血症状，其它脏器没有明显的病理变化。

## 三、诊断要点

根据本病的流行情况和临床症状，特别是死羊剖检后，可见真胃内有大量红白相间的血矛线虫，便可确诊。

## 四、病例参考

血矛线虫是一种纤细柔软淡红色的线虫，虫体长 10~30 毫米。雌虫由白色的生殖器官和红色的肠管相互扭转形成两条似红白纱绞成的线段。雌虫在羊胃内产卵，卵随粪便排出体外，在适宜的温度、湿度条件下，经 4~5 天就孵化发育成幼虫，羊吞食带有这种幼虫的草后，就会感染。

病原有柏氏血矛线虫（H. placei）、似血矛线虫（H. similis、新月状血矛线虫（H. lunatus）、柏氏血矛线虫（H. placei）、捻转血矛线虫（H. contortus）、长柄血矛线虫（H. longistipe）。

其形态结构详见图 3-5-79~ 图 3-5-84。

捻转血矛线虫虫体呈粉红色，头端尖细，口囊小，内有一角质背矛。雄虫长 15~ 19 毫米，其交合伞的背肋偏于左侧，呈倒 "Y" 字形。雌虫长 27~ 30 毫米，由于红色的消化管和白色的生殖管相互缠绕，形成红白相间的外观，俗称麻花虫。阴门位于虫体后半部，

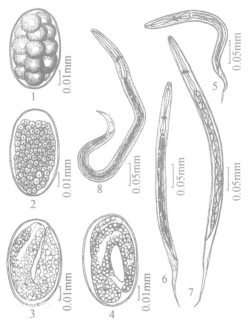

图 3-5-79　捻转血矛线虫
（ *H.contortus* ）
（蔡进忠提供）

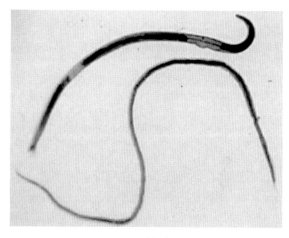

图 3-5-80　捻转血矛线虫
（ *H. contortus* ）
（蔡进忠提供）

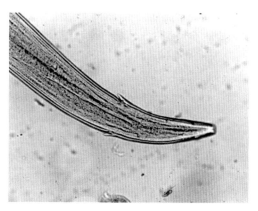

图 3-5-81　捻转血矛线虫头端
（ *Haemonchus Contortus* ）
（蔡进忠提供）

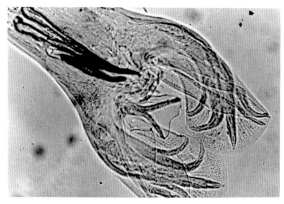

图 3-5-82　捻转血矛线虫雄虫交合伞
（ *Haemonchus Contortus* ）
（蔡进忠提供）

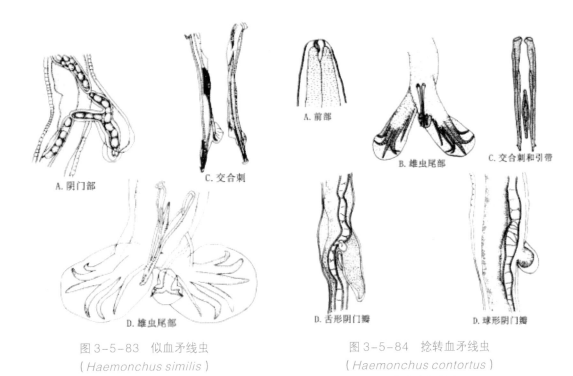

图 3-5-83　似血矛线虫
（*Haemonchus similis*）
（蔡进忠提供）

图 3-5-84　捻转血矛线虫
（*Haemonchus contortus*）
（蔡进忠提供）

有一拇指状的阴门盖。虫卵大小为长 75~95 微米，宽 40~50 微米，无色，壳薄；新鲜虫卵内含 16~32 个胚细胞。

**五、防控措施**

（1）科学饲养：加强饲养管理，淘汰病弱羊只，合理补饲精料，增强羊的抗病能力。

不要在低湿草地放牧，不入"露水草"，不饮小坑死水，不在清晨、傍晚或雨后放牧，不让羊饮死水、积水，而饮干净的井水或泉水。有条件的地方，实行有计划的轮放。

（2）加强粪便管理：定期清理羊圈舍，将粪便在适当地点堆积发酵处理，消灭虫卵和幼虫，特别注意不要让冲洗圈舍后的污水混入饮水，圈舍适时药物消毒。

（3）药物驱虫：根据不同流行病的特点，一般春、秋两季各进行 1 次驱虫。选用的药物可参考应用对奥斯特线虫病的防控药物。

（青海省畜牧兽医科学院　蔡进忠　李春花　雷萌桐供稿）

# 第十二节　结节虫病

## 一、临床症状

结节虫病是由圆形目（*Strongylidea*）夏柏特科（*Chabertidae*）食道口属（*Oesophagostomum*）的几种线虫寄生于羊只盲肠、结肠内所引起的疾病。由于幼虫寄生时在肠壁上形成结节，所以又称结节虫。寄生于结肠和盲肠。症状表现主要分为两期，由幼虫侵入肠壁而引起的急性期和由成虫寄生而引起的慢性期。急性期的特征是患羊持续性腹泻，粪便呈黑绿色，有很多黏液，有时带血，腹痛，伸展后肢，弓背，翘尾。个别病羊体温升高、拒食、消瘦、按压腹部有痛感，常由顽固性下痢造成死亡。当转入慢性时，往往表现出间歇性下痢，便秘和腹泻交替，进行性消瘦，患羊继续瘦弱，贫血，被毛粗乱易断，下颌间可能发生水肿，生长发育严重受阻。若病情继续恶化，最后患羊虚脱而死。

## 二、剖检变化

剖检尸体，可见在肠壁的任何部位形成的结节。结节形成影响肠蠕动、食物消化和吸收。结节在肠的腹膜面破溃时，可引起腹膜炎和广泛性粘连，向肠腔面破溃时，引起溃疡性和化脓性结肠炎。成虫食道腺的分泌液可使肠黏液增多，肠壁充血和增厚。

## 三、诊断要点

根据该病的流行特点、病羊的症状、死羊或病羊的剖检病变可做出综合判断。对该病的生前诊断，可从直肠取粪或采取新鲜粪便，应用饱和盐水漂浮法和直接涂片法镜检虫卵。只要在粪检中发现大量虫卵存在，就可诊断。

在条件许可的情况下，必要时可进行粪便培养，检查第三期幼虫；对死羊或病羊采用寄生虫学蠕虫学剖检法检查胃肠道线虫可以确诊。

## 四、病例参考

本属线虫虫体较大，呈乳白色。头端尖细，口囊不发达，呈小而浅的圆筒形，外周为一显著的口领，口缘有内外叶冠，并有 6 个环口乳突。有颈沟，其前部的表皮膨大形成头囊。颈乳突位于颈沟后方的两侧。有或无侧翼。雄虫的交合伞发达，分叶不明显，有一对等长的交合刺。雌虫阴门位于肛门前方附近，生殖孔开口处有肾状发达的排卵器。虫卵较大。

羊结节虫病特征是幼虫寄生于家畜的肠壁上，形成大小不等的结节，给出口肠衣的工作造成严重经济损失。已经确定的病原有如下几个种：甘肃食道口线虫（*O. kansuensis*）、粗纹食道口线虫（*O. asperum*）、辐射食道口线虫（*O. radiatum*）、尖尾食道口线虫（*O. aculeatum*）、湖北食道口线虫（*O. hupensis*）、新疆食道口线虫（*O. sinkiangensis*）、微管食道口线虫（*O. venulosum*）。哥伦比亚食道口线虫（*O. columbianum*）既寄生在羊结肠内，又寄生于牛结肠内。

其形态结构详见图 3–5–85~ 图 3–5–94。

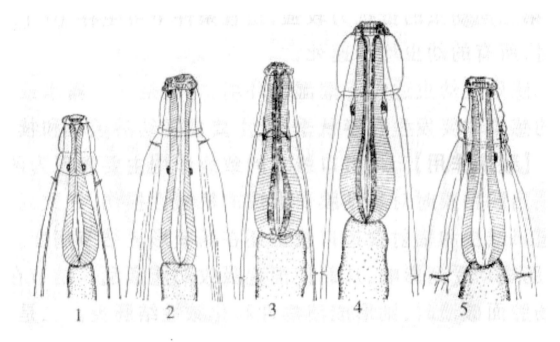

图 3–5–85　食道口属线虫（*Oesophagostomum*）虫体前端（蔡进忠提供）

1. 辐射食道口线虫（*O. radiatum*）；2. 哥伦比亚食道口线虫（*O. columbianum*）；3. 微管食道口线虫（*O. venulosum*）；4. 粗纹食道口线虫（*O. asperum*）；5. 甘肃食道口线虫（*O. kansuensis*）。

其形态因种类不同而异，但又有共同特点：一般虫体为乳白色，较粗厚，体长 12~22 毫米，口囊小大，头端有内外叶冠，距头端不远处有明显的颈沟，颈部两侧有颈乳头。有的种类在颈沟后面有侧翼，多数种类在头端有膨大的头泡。

雄虫交合伞发达，并有两根细长的交合刺。雌虫的阴门靠近肛门，在生殖孔开口处有肾状射卵器。

**五、防控措施**

参考奥斯特线虫病的防控措施。

图 3-5-86 感染食道口线虫后引起的肠道病变（蔡进忠提供）

图 3-5-87 食道口线虫的雄虫头端
（*Oesophagostomum*）
（雷萌桐提供）

图 3-5-88 食道口线虫的雄虫尾端
（*Oesophagostomum*）
（雷萌桐提供）

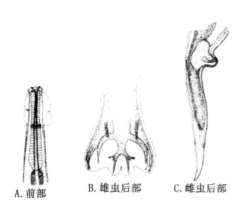

A. 前部　　B. 雄虫后部　　C. 雌虫后部

图 3-5-89 辐射食道口线虫
（*Oesophagostomum radiatum*）
（蔡进忠提供）

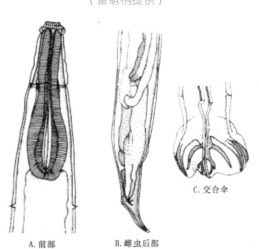

A. 前部　　B. 雌虫后部　　C. 交合伞

图 3-5-90 微管食道口线虫
（*Oesophagostomum venulosum*）
（蔡进忠提供）

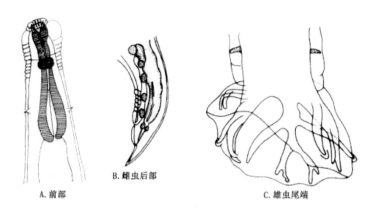

A. 前部　　　B. 雌虫后部　　　C. 雄虫尾端

图 3-5-91　湖北食道口线虫（*Oesophagostomum hupensis*）（蔡进忠提供）

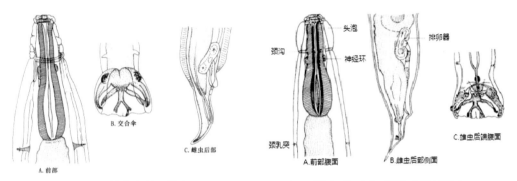

图 3-5-92　甘肃食道口线虫
（*Oesophagostomum kansuensis*）
（蔡进忠提供）

图 3-5-93　粗纹食道口线虫
（*Oesophagostomum asperum*）
（蔡进忠提供）

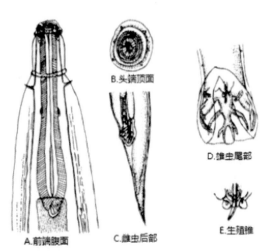

图 3-5-94　哥伦比亚食道口线虫（*Oesophagostomum columbianum*）
（蔡进忠提供）

（青海省畜牧兽医科学院　蔡进忠　李春花　雷萌桐供稿）

# 第十三节　住肉孢子虫病

## 一、临床症状

肉孢子虫病是由真球虫目（*Eucoccidiida*）住肉孢子虫科（*Sarcocystidae*）住肉孢子虫属（*Sarcocystis*）的多种虫体感染所引起的一种世界性的寄生性原虫病，也是重要的人畜共患寄生虫病。住肉孢子虫广泛寄生于爬行类和鸟类，以及包括人、猴、鲸和各种家畜在内的哺乳动物，严重影响人畜健康和公共卫生安全。家畜感染本病后，主要表现为全身淋巴结肿大、腹泻、截瘫等症状。肉孢子虫位于心肌则引起严重的心肌炎。心肌发生局限或弥漫性炎症，表现为疲乏、发热、胸闷、心悸、气短、头晕，严重者可出现心功能不全或心源性休克。常引起消瘦、贫血、全身水肿、共济失调、孕畜流产、生产性能下降等，严重者甚至发生死亡。

## 二、剖检变化

根据吞食的孢子囊量可引起减重、发热、贫血、脱毛、流产、早产、神经症状、肌炎和死亡。

## 三、诊断要点

对住肉孢子虫的检查方法有免疫学诊断和肌肉压片镜检法。免疫学诊断方法也是生前诊断方法，许多学者探索包括间接血凝试验（IHA）、酶联免疫吸附试验（ELISA）及荧光抗体试验（IFA）等方法，操作简便，具有一定的可靠性。免疫诊断的基础上，结合临床、剖检、组织检查才能准确诊断住肉孢子虫病。亦可采用常规住肉孢子虫的检查方法——压片镜检法，此方法简单可行，结果直观，稳定可靠。

在实验室制作压片，将采集的每个待检肉样剥去肌膜，分别称 0.1 克，沿肌纤维纵长方向剪成小条，置于一张载玻片上，分摊均匀，滴加适量 50% 甘油水溶液透明，盖上一张载玻片压片，将两快玻片用力挤压至肉样半透明为止，用自制橡皮圈固定镜检。每个部位制作 3 张压片。在 4×4 倍光学显微镜下镜检，计数。每份样品任何一个部位发现 1 个包囊的即判定为阳性。计算感染率和感染强度。

## 四、病例参考

住肉孢子虫病是一种广泛寄生于人类和哺乳动物、鸟类、爬行动物等细胞内的寄生虫病。其所产生的肉孢子虫毒素能严重地损害宿主的中枢神经系统和其他重要器官，因而是一种重要的，甚至是致死性的人畜共患寄生虫病。

其特征是在横纹肌或心肌肉形成包囊——"米氏囊"。

从羊检出的住肉孢子虫有以下几种：柔嫩住肉孢子虫（*S. tenella*）、巨型住肉孢子虫（*S. gigantea*）、羊犬住肉孢子虫（*S. ovicanis*）横纹肌寄生、白羊犬住肉孢子虫（*S. arieticanis*）横纹肌寄生；微小住肉孢子虫（*S. microps*）心肌寄生；囊状住肉孢子虫（*S. cystiformis*）舌肌寄生。

病原形态结构特详见图 3-5-95 和图 3-5-96。

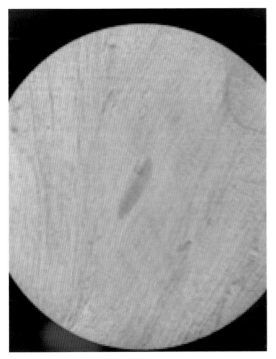 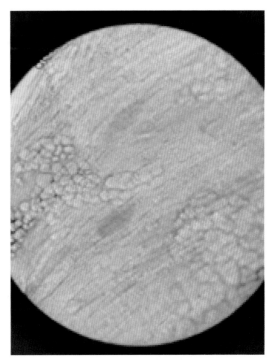

图 3-5-95　羊膈肌中住肉孢子虫包
（*Sarcocystis cysts*）
囊（蔡进忠 雷萌桐 李春花提供）

图 3-5-96　羊食道肌肉住肉孢子虫包囊
（*Sarcocystis Cysts*）
（蔡进忠 雷萌桐 李春花提供）

**五、防控措施**

1. 预防

该病的传播主要由家养的狗、猫等终末宿主引起。因此，预防本病的发生及流行可以从以下几方面着手。

（1）应加强对住肉孢子虫病的宣传力度，加强对终末宿主的日常管理和对病原的控制，消灭游犬。处理好动物粪便，防止饮水和食物被狗、猫粪便污染，防止感染扩散；严禁用生肉、肉制品喂猫、狗；对于畜禽尸体、含有病变的内脏、肉样应及时销毁。

（2）加强猪、肉牛、羊等动物的饲养管理。定期对圈舍进行消毒，防止中间宿主感染，严禁包括人在内的终末宿主的粪便污染牛羊的饲草和饮水，以切断传染源。

（3）加强个人饮食卫生，做到饭前便后洗手，生、熟肉分开切，肉和蔬菜分开切；不吃生或未煮熟的猪、牛肉。不饮用卫生不达要求的水。

2. 治疗

对于肉孢子虫病的治疗尚处探索阶段，目前尚无特效治疗药物。

可用于治疗的药物有左旋咪唑、阿苯达唑、敌百虫、吡喹酮，以及抗球虫药等。

（青海省畜牧兽医科学院　蔡进忠　李春花　雷萌桐供稿）

# 第十四节　球虫病

## 一、临床症状

绵羊球虫病是由孢子虫纲（*Sporozoasida*）真球虫目（*Eucocci diorida*）艾美耳属（*Eimeria*）的球虫寄生于绵羊山羊肠上皮细胞内引起的原虫病。主要危害羔羊，球虫寄生在羔羊肠道中破坏肠上皮细胞引起病羊下痢，精神不振，食欲减退或消失，消瘦，贫血，黏膜苍白，被毛粗乱，发育不良，免疫力下降而死亡，尤其肠壁损伤引起的细菌、病毒继发感染可引起羔羊大批死亡，给养羊业造成严重的经济损失。成年羊虽通常为带虫者，但其携带和散播病原球虫，是绵羊球虫病的重要传染源。

## 二、剖检变化

仅在小肠见有明显的病变，肠黏膜上有淡白到黄色圆形或卵圆形结节，如粟粒至豌豆大，常成簇分布，也能从浆膜面上看到。十二指肠和回肠有卡他性炎症，有点状或带状出血。尸体一般消瘦，后肢及尾部沾染稀粪。

## 三、诊断要点

根据临床表现，病理变化，流行病学情况和粪检结果进行综合性诊断。

（1）粪样检查。取被检粪样10克，放入100毫升烧杯中，加入50毫升水。待泡软后用压舌板搅拌均匀，经60目铜丝网过滤，滤液经2 500转/分钟离心8分钟，弃上清液，沉淀中加入少量水混匀后加水至20毫升，充分混匀，取2毫升置于10毫升离心管内，加入饱和盐水4毫升，充分混匀，用吸管吸取混匀液注满改良麦氏记数板，静置15分钟，显微镜下记数。结果以克粪便卵囊数（OPG）来表示，发现卵囊者判为阳性，未发现者判为阴性。

（2）卵囊的收集与培养。将阳性滤液按照1岁、2岁和成年的归类，经2 500转/分钟离心8分钟，沉淀物用饱和盐水漂浮后收集卵囊，用清水反复离心除去残余饱和盐水，卵囊沉淀中加适量2.5%重铬酸钾溶液，混匀，于28℃恒温箱中培养至95%以上卵囊完全孢子化，4℃保存。

（3）虫种鉴定。培养前检查一次，培养后每隔6小时观察一次卵囊的发育情况，进行显微照相，记录卵囊的形态和内部构造，根据卵囊大小、形状、颜色，有无内外残体、极帽和卵膜孔等，参照有关文献进行虫种鉴定，并绘制卵囊形态图。

## 四、病例参考

球虫病呈世界性分布,已报道的羊球虫病病原有29种,分别是:阿沙塔艾美耳球虫(*E. ahsata*),艾丽艾美耳球虫(*E. alijevi*),普艾美耳球(*E. arloingi*),巴库艾美耳球虫(*E. bakuensis*)同物异名:绵羊艾美耳球虫(*E. ovis*),山羊艾美耳球虫(*E. caprina*),羊艾美耳球虫(*E. caprovina*),克里斯坦森氏艾美耳球虫(*E. christenseni*),槌状艾美耳球虫(*E. faurei*)同物异名:浮氏艾美耳球虫、格氏艾美耳球虫(*E. gilruthi*)、爱缪拉艾美耳球虫(*E. aemula*),贡氏艾美耳球虫(*E. granulosa*)同物异名:颗粒艾美耳球虫,固原艾美耳球虫(*E. guyuanna*),家山羊艾美耳球虫(*E. hirci*),错乱艾美耳球虫(*E. intricata*),约奇艾美耳球虫(*E. jolchijevi*),柯氏艾美耳球虫(*E. kocharlii*),马尔西卡艾美耳球虫(*E. marsica*)同物异名:袋形艾美耳球虫、尼氏艾美耳球虫(*E. ninakohlyakimovae*),卵状艾美耳球虫(*E. oodeus*),绵羊艾美耳球虫(*E. ovina*),类绵羊艾美耳球虫(*E. pallida*)同物异名:苍白艾美耳球虫、小型艾美耳球虫(*E. parva*),斑点艾美耳球虫(*E. puncatata*),顺义艾美耳球虫(*E. shunyiensis*),威布里吉艾美耳球虫(*E. weybridgensis*)。其中绵羊球虫病病原有19种,山羊球虫病病原有20种。绵山羊大部分为混合感染。

绵羊常见球虫15种见图3-5-97~图3-5-101。

球虫病多发生于春、夏、秋较温暖的季节,特别是在潮湿、多沼泽的牧场。因为潮湿的环境有利于球虫的发育和存活。冬季舍饲期间也能发生该病。球虫病的卵囊对外界的抵抗力特别强,在土壤中一直可存活半年以上。羔羊极易感染,且时有死亡。主要发生在肥育羔羊,当羔羊被带入育肥场,通常排放少量球虫卵囊,由于拥挤和粪便污染饲草饲料,结果出现球虫感染。常发现大量的球虫卵囊,但未见任何症状。感染强度和感染率依各地

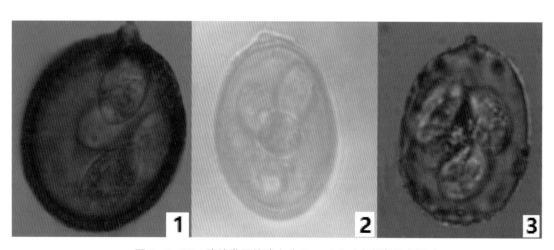

图3-5-97　绵羊常见的球虫(*Coccidia*)(李春花 提供)

1. 错乱艾美耳球虫(*Eimeria intricata*);2. 阿撒他艾美耳球虫(*Eimeria ahsata*);3. 卵状艾美耳球虫(*Eimeria oodeus*).

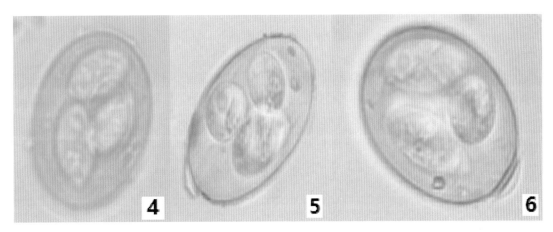

图 3-5-98 绵羊常见的球虫（*Coccidia*）（李春花提供）

4.类绵羊艾美耳球虫（*Eimeria ovinodalis*）；5.巴库艾美耳球虫（*Eimeria bakuensis*）；

6.槌形艾美耳球虫（*Eimeria crandallis*）

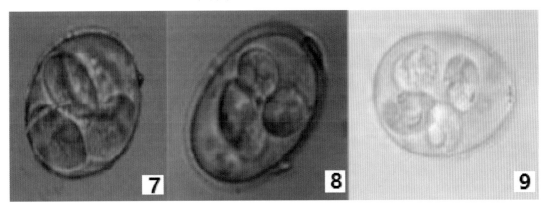

图 3-5-99 绵羊常见的球虫（*Coccidia*）（李春花提供）

7.威布里吉艾美耳球虫（*Eimeria weybridgensis*）；8.颗粒艾美耳球虫（*Eimeria granulosa*）；

9.浮氏艾美耳球虫（*Eimeria faurei*）

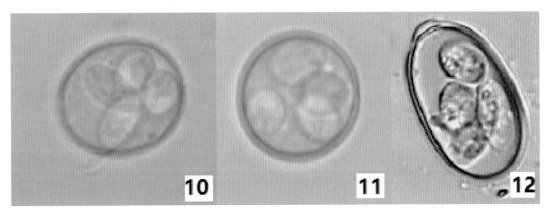

图 3-5-100 绵羊常见的球虫（*Coccidia*）（李春花、贺圣杰等提供）

10.小型艾美耳球虫（*Eimeria parva*）；11..苍白艾美耳球虫（*Eimeria pallida*）；

12.阿氏艾美耳球虫（*Eimeria schneider*）

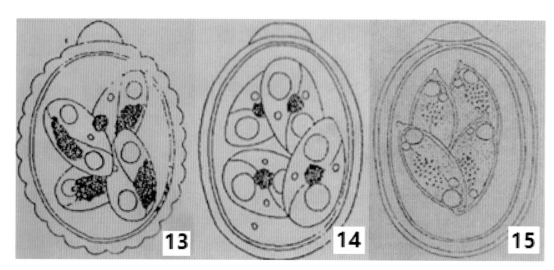

图 3-5-101　绵羊常见的球虫（宋学林、胡建德等提供）

13. 斑点艾美耳球虫（*Eimeria punctata*）；14. 贡氏艾美耳球虫（*Eimeria gonzalezi*）；
15. 厚膜艾美耳球虫（*Eimeria pachymenia*）。

的气候条件而不同。冬季很少发生感染。

### 五、防控措施

1. 加强饲养管理

定期清理圈舍粪便，保持清洁和干燥，保障饮水和饲料卫生，注意尽量减少各种应激因素。放牧的羊群应定期更换草场，由于成年羊常常是球虫病的病源，因此最好能将羔羊和成年羊分开饲养。

2. 药物治疗

据报道，氨丙啉和磺胺对本病有一定的治疗效果。用药后，可迅速降低卵囊排出量，减轻症状。可选用的治疗药物：

（1）氨丙啉：每千克体重 50 毫克，每日 1 次，连服 4 天。

（2）氯苯胍：每千克体重 20 毫克，每日 1 次，连服 7 天。

（3）呋喃唑酮：每千克体重每日 10~20 毫克，连用 5 天，腹泻停止，恢复食欲和健康。

（4）磺胺二甲基嘧啶或磺胺六甲氧嘧啶：每千克体重每日 100 毫克，连用 3 ~ 4 天，效果好。

此外，还可选用马杜霉素、地克珠利、妥曲珠利（又名甲苯三嗪酮、百球清）、二硝托胺、磺胺喹恶啉、磺胺氯吡嗪、磺胺二甲嘧啶、莫能霉素等。

（青海省畜牧兽医科学院 李春花 蔡进忠 雷萌桐供稿）

# 第十五节 疥癣病

## 一、临床症状

羊螨病病原为真螨目（*Acariformes*）痒螨科（*Psoroptidae*）痒螨属（*Psoroptes*）的绵羊痒螨（*P. ovis*）、山羊痒螨（*P. comiumis caprae*）及疥螨科（*Sarcopridae*）疥螨属（*Sarcopte*）的绵羊疥螨（*S. scabiei var. ovis*）、山羊疥螨（*S. scabiei var. caprae*）。

羊螨病又称羊疥癣，群众俗称为羊疥疮、羊癞病或"骚"。通常所指的螨病是由于痒螨或疥螨在动物体表皮肤寄生而引起的一种慢性寄生虫病。其特征是皮炎、剧痒、脱毛、结痂、传染性强、对羊的毛皮危害严重，也可造成死亡。山羊多为疥螨病，绵羊多为痒螨病。

本病无论是哪种类型与其他皮肤病相比，其皴裂发痒的程度都很剧烈。病初出现粟粒大的丘疹，随着病情发展开始出现发痒的症状。由于发痒，病羊不断的在物体上蹭皮肤，而使皮肤增加鳞屑、脱毛，致使皮肤变得又厚又硬。如果不及时治疗，会遍及全身，病羊明显消瘦。

痒螨：绵羊多发于毛密的部位如背部、臀部、可波及全身。山羊主要发生于耳壳内。

疥螨：绵羊的头部，咀唇周围，口角两侧，鼻子边缘和耳根。山羊咀唇周围，眼圈，鼻背和耳根，也可蔓延到腋下，腹下和四肢曲面等无毛少毛部位。

（1）剧痒：系螨病主要症状。出现此症状的原因是，螨体表长有很多刺、毛、鳞片；同时还能由口器分泌毒素；螨的采食与活动刺激宿主动物的皮肤神经末梢。剧痒使病畜不停的啃咬患部，并在各种物体上用力磨擦，从而越发加重患部的炎症和损伤。同时还向周围环境散布大量病原。

（2）结痂：脱毛与皮肤增厚是螨病的必然症状。虫体的机械刺激与毒素的作用，使皮肤发生炎性浸润，发痒处皮肤形成结节和水疱，当病畜蹭痒时，结节、水疱溃烂，流出渗出物。渗出物与脱落上皮细胞，被毛及污垢混杂一起，干燥后就结成痂皮。痂皮被擦掉后，创面又有多量液体渗出及毛细血管出血，重新形成结痂。随着病情发展，毛囊、汗腺受到侵害、皮肤的角质层角化过度，患部脱毛，皮肤增厚，失去弹性从而形成皱褶。

（3）消瘦：由于剧痒，病畜烦躁不安，影响正常采食和休息，并使胃肠消化、吸收机能降低。加之寒冷季节脱毛，皮肤裸露，加大热量散失，体内蓄积脂肪大量消耗，导致病畜日渐消瘦，有时继发感染，严重时甚至引起死亡。

## 二、剖检变化

病羊在头颈部出现丘疹样不规则病变，剧痒，使劲磨蹭患部，致使患部脱毛、落屑、皮肤增厚，失去弹性。鳞屑、污物、被毛和渗出物黏结在一起，形成痂垢。严重时可波及全身。

## 三、诊断要点

（1）对有临床症状的螨病，根据发病季节、剧痒、及患部皮肤变化等进行诊断。

（2）对症状不明显的，则需刮取患部与健康部位交界处的皮屑，将刮下的皮屑放在载玻片上，滴加 10% 氯化钠，或液体石蜡，或 50% 的甘油水，置显微镜下或解剖镜下进行观察。

（3）将病料放置平皿内，加盖，然后将平皿放于盛有 40~50℃温水的杯子上 10~15 分钟，虫体粘于平皿底，然后翻转平皿，检查皿底。

痒螨属各个种的形态极为相似，难以区别，但它们有严格的宿主特异性。虫体呈长圆形，体长 0.5~0.9 毫米，口器长，呈圆锥形、螯肢细长，两趾上有三角形齿；须肢也细长。虫体背面表皮有细皱纹。肛门位于躯体末端。足较长、足吸盘柄分为 3 节，雌虫第 3 对足上各有两根长刚毛，雄虫第 4 对足特别短，没有吸盘和刚毛；躯体末端有两个大结节，其上各有长毛数根；腹面后部有两个性吸盘；生殖器居于第 4 基节之间。雌虫躯体腹面前部有一个宽阔的生殖孔，后端有纵裂的阴道，阴道被侧为肛门。

疥螨属体似龟形，口器短，虫体浅黄色，背面隆起，腹面扁平。雌虫大小为长 0.33~0.45 毫米，宽 0.25~0.35 毫米，雌虫为长 0.20~0.23 毫米，宽 0.14~0.19 毫米；腹面有 4 对粗短的肢，每对足上均有角质化的支条，第 1 对足上的后支条在虫体中央并成一条长杆，第 3、第 4 对足之间，围在一个角质化的倒"V"形的构造中；雌虫腹面有两个生殖孔，一个为横裂，位于后两对肢前之中央为产卵孔，另一个为纵裂在体末端为阴道，但产卵孔在成虫时期发育完全；肛门为一个小圆孔，位于体端，在雌虫居于阴道之背侧（图 3-5-102~图 3-5-104）。

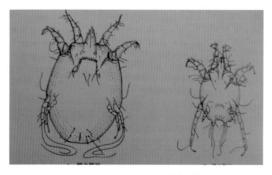

图 3-5-102　山羊痒螨
（*Psoroptesequi var. caprae*）
（蔡进忠提供）

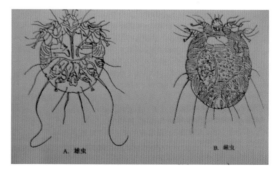

图 3-5-103　山羊疥螨
（*Sarcoptesscabiei var. caprae*）
（蔡进忠提供）

#### 四、病例参考

羊疥癣病是由各种螨（俗称疥癣虫）引起的一种高度接触性、传染性皮肤病，其中以疥螨流行最广，危害最严重。由于疥螨、痒螨各种间形态极为相似，但彼此不传染，即使传染上也不能滋生，所以寄生在各种动物身上的都是变种。

绵羊疥螨病发病后期，病变部位形成坚硬白色胶皮样痂皮，牧民对此有称谓"石灰头"病。绵羊痒螨病，在羊群中首先引起注意的是羊毛结成束和体躯下部泥泞不洁，而后看到零散的毛丛悬垂于羊体，如同披着棉絮样，继而全身被毛脱毛。患部皮肤湿润，形成浅黄色痂皮。

山羊疥螨病主要发生于嘴唇四周，眼圈，鼻背和耳根部。也可蔓延到腋下，腹下和四肢等无毛少毛部位。山羊痒螨主要发生在耳壳内，在耳壳内形成黄色结痂，堵塞耳道，使羊变聋，食欲不振甚至死亡。

#### 五、防控措施

（1）隔离。引入家畜，应事先了解有无螨病存在，引入后应详细观察畜群，并作螨病检查；最好先隔离饲养一段时间，确无螨病时，再并入畜群中去。

（2）药浴。每年春末夏初剪毛后 7~10 天、秋季应对羊群进行药浴，这是预防螨病的主要措施。用螨净（二嗪农）、辛硫磷药浴，螨净初浴浓度 0.025%，补充浓度 0.075%。辛硫磷乳油药浴浓度 0.025%~0.05%。

（3）定期消毒。畜舍应定期消毒，饲养管理用具也应定期消毒，畜舍应经常清扫。清理并发酵圈舍的羊粪，

（4）及时治疗。发现可疑患畜及时隔离饲养，迅速查明原因。发现患畜及时治疗。大群可采用药浴法进行治疗，感染严重时间隔 7~10 天再浴一次。治愈后隔离观

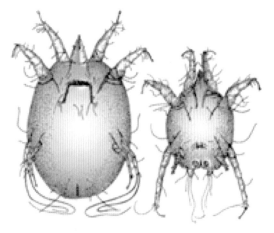

图 3-5-104　绵羊痒螨（*Psoroptes ovis*）
（蔡进忠提供）

察 20 天，如未再发，再用杀虫药处理一次后放入畜群中。同时注意饲养管理人员的消毒，以防病原散播。

（5）非外用方法治疗。冷季或零星发病时可选用口服、注射等非外用方法进行治疗。可选用伊维菌素：片剂、胶囊剂 1 次按 0.3 毫克 / 千克体重剂量口服，注射剂按 0.2 毫克 / 千克体重剂量皮下或肌肉注射。每次用药后 7~10 日再给药 1 次，以杀灭第 1 次给药

时的虫卵孵化出的螨虫。

配合疗法：在注射治疗的同时，采用局部涂抹螨净、5%敌百虫溶液或杀虫油剂对半稀释后涂擦患部。以加强疗效。

（青海省畜牧兽医科学院兽医研究所 蔡进忠 李春花 雷萌桐供稿）

# 第十六节　羊虱病

## 一、临床症状

羊虱病是由虱目（*Anoplura*）颚虱科（*Linognathidae*）颚虱属（*Linognathus*），食毛目（*Mallophga*）啮毛虱科（*Trichodectidae*）毛虱属（*Bovicola*）的虱寄生于羊的皮肤而引起的一种接触传染性慢性皮肤病。主要症状是病羊发痒，烦乱不安，影响采食和休息，以致逐渐消瘦、贫血。幼羊发育不良，奶羊泌乳量显著下降。羊体虚弱，抵抗力降低。虱子分泌有毒的唾液，刺激皮肤的神经末梢而引起发痒，羊通过啃咬或摩擦而损伤皮肤。当大量虱聚集时，可使皮肤发生炎症、脱皮或脱毛，尤其是毛虱可使羊绒折断，对羊绒的质量造成严重的影响。严重者可引起死亡。

## 二、剖检变化

常造成羊只消瘦，贫血、衰弱，甚至死亡。

## 三、诊断要点

眼观检测，可在羊绒、羊毛上、皮肤上发现虫体。取大小不同羊身上的虱放于低倍显微镜下观察。绵羊颚虱体背腹扁平，头部较胸部为窄，呈圆锥形。刺吸式口器。无翅，触角1对，通常由5节组成；复眼1对，高度退化，含有色素。足3对，粗短而有力，跗节一般只有1节，跗节末端有一单爪，胫节远端内侧有一个指状突与爪相对，为握毛的有力工具。腹部由9节组成，颚虱属的各种颚虱在每个腹节的背腹面至少有两列毛。雌虱腹部末端分叉，雄虱末端钝圆。

山羊颚虱寄生于山羊体表，虫体色淡，长 1.5~2 毫米。头部呈细长圆锥形，前有刺吸式口器，其后方陷于胸部内。胸部略呈四角形，有足3对。腹呈长椭圆形，侧缘有长毛，气门不显著。

绵羊毛虱头扁，头部宽于胸部。头前端通常圆而阔，腹部比胸部宽。咀嚼式口器。腹部由许多节组成，背腹部覆有许多毛。3对足较短。毛虱体长 1.5~1.8 毫米，触节3节。多寄生在头顶、颈部和肩肿部。羊毛虱雄虫长约 1.4 毫米，雌虫长约 1.6 毫米。

## 四、病例参考

本病的病原分为两大类：一类是吸血的，有山羊颚虱（*L.steopsis*）、绵羊颚虱（*L.ovillus*）、足颚虱（*L.pedalis*）和非洲羊颚虱（*L.africanus*）等；另一类是以毛、皮屑等为食的绵羊毛虱（*B. ovis*），山羊毛虱（*B. caprae*）。

　　羊虱是永久寄生的外寄生虫病，有严格的畜主特异性。虱在羊体表以不完全变态方式发育，经过卵、若虫和成虫 3 个阶段，整个发育期约 1 个月。成虫在羊体上吸血，交配后产卵，成熟的雌虱 1 昼夜内产卵 1~4 个，卵被特殊的胶质牢固黏附在羊毛上，约经 2 周后发育为若虫，再经 2~3 周蜕化 3 次而变成成虫。产卵期 2~3 周，共产卵 50~80 个，产卵后即死亡。雄虱的生活期更短。1 个月内可繁殖数代至十余代。虱离开羊体，得不到食料，1~10 天内死亡。虱病是接触感染的，可经过健羊与病羊直接接触，或经过管理用具、互相接触而感染机会增多，加之羊舍阴暗、拥挤等，都有利于虱子的生存、繁殖和传播。

　　其形态结构详见图 3-5-105~ 图 3-5-111。

图 3-5-105　感染绵羊颚虱严重的绵羊
（*Linognathus ovillus*）（雷萌桐提供）

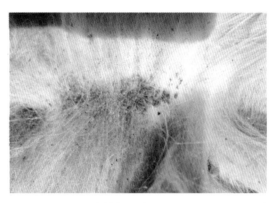

图 3-5-106　绵羊颚虱（*Linognathus ovillus*）
（雷萌桐提供）

图 3-5-107　感染绵羊颚虱严重的绵羊（*Linognathus ovillus*）（雷萌桐提供）

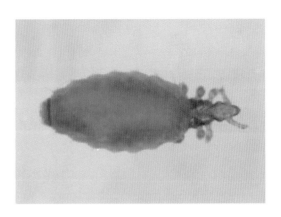

图3-5-108　绵羊颚虱背面
（ *Linognathus ovillus* ）
（雷萌桐提供）

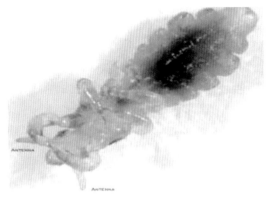

图3-5-109　羊毛虱
（ *Bovicola ovis* ）
（雷萌桐提供）

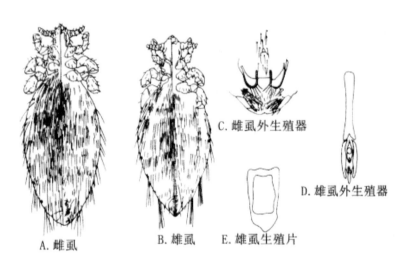

A. 雌虱　　B. 雄虱　　C. 雌虱外生殖器　　D. 雄虱外生殖器　　E. 雄虱生殖片

图3-5-110　足颚虱（ *Linognathuspedalis* ）（蔡进忠提供）

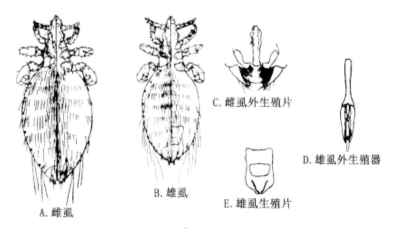

A. 雌虱　　B. 雄虱　　C. 雌虱外生殖片　　D. 雄虱外生殖器　　E. 雄虱生殖片

图3-5-111　绵羊颚虱（ *Linognathusovillus* ）（蔡进忠提供）

### 五、防控措施

**1. 预防**

（1）加强饲养管理及兽医卫生工作，保持羊舍清洁、干燥、透光和通风，平时给予营养丰富的饲料，以增强羊的抵抗力。

（2）加强检疫，对新引进的羊只必须进行体外寄生虫学检查，及时发现，及时隔离治疗和灭虱处理，防止将虱带进安全区域和蔓延。

（3）对羊舍要经常清扫、消毒，垫草要勤换勤晒，管理工具要定期用热碱水或开水烫洗，以杀死虱卵。

（4）做好外寄生虫病防治工作，及时对羊体灭虱，应根据气候不同采用洗刷、喷洒、药浴或口服、注射给药。

**2. 治疗**

（1）在发病季节，定期进行药浴或药淋，浴前2小时让羊充分饮水。

5% 溴氰菊酯（倍体）：配成 12.5 毫克 / 千克，药浴、药淋；或配成 30 毫克 / 千克药液喷雾。

辛硫磷、蝇毒磷等按 100~500 毫克 / 千克浓度药浴；0.5% 敌百虫水溶液药浴或喷淋。

药浴后对于严重或虱不彻底死亡的个别羊只再进行第 2 次药浴。

（2）非外用方法治疗　冷季或零星发病时可选用口服、注射等非外用方法进行治疗。可选用伊维菌素片剂、胶囊剂 1 次按 0.3 毫克 / 千克体重剂量口服，注射剂按 0.2 毫克 / 千克体重剂量皮下或肌肉注射。每次用药后 7~10 日再给药 1 次，以杀灭第 1 次给药时的虫卵孵化出的虱。

（青海省畜牧兽医科学院兽医研究所　蔡进忠　李春花　雷萌桐供稿）

# 第十七节　羊蜱蝇病

## 一、临床症状

羊蜱蝇（*M. ovinus*）病是由虱目（*Anoplura*），虱蝇科（*Hippoboscidae*），蜱蝇属（*Melophagus*）的羊蜱蝇（*M. ovinus*）寄生于羊的皮肤而引起的一种接触传染性慢性皮肤病。主要症状是羊蜱蝇寄生在羊只的皮肤上，用其锋利的口器刺入肌肉，吸取羊只血液。患羊出现蹭痒、咬毛，或用蹄搔患部，造成羊毛损伤，病羊发痒，烦乱不安，影响采食和休息，以致逐渐消瘦、贫血。幼羊发育不良，奶羊泌乳量显著下降。羊体衰弱，抵抗力降低。

## 二、剖检变化

羊蜱蝇寄生于绵羊的毛内，为绵羊体表的永久性寄生虫。直接接触感染，羊蜱蝇属胎生，幼虫在雌羊蜱蝇体内发育成熟后排出，刚排出的蝇蛆呈白色，卵圆形，约5毫米长，无附器。雌蝇可分泌一种凝胶，使幼虫粘在靠近皮肤的毛根上，在12小时内，幼虫的皮肤变为褐色，发硬，形成蛹；蛹呈棕红色，卵圆形，长3~4毫米。在暖季，蜱蝇不离开宿主，离开宿主的羊蜱蝇可存活3~4天，离开宿主的蛹可存活1~2个月。常造成羊只消瘦，贫血、衰弱，甚至死亡。

## 三、诊断要点

采集羊体上的虫体标本鉴定后便可确诊。

## 四、病例参考

羊蜱蝇是一种棕色、无翅的外寄生昆虫。体长4~6毫米，体壁呈革质的性状，遍生短毛。头扁，嵌在前胸的一个窝内，活动范围极小。头部和胸部均为深棕色。刺吸式口器。触须长，其内缘紧贴喙的两侧，形成为喙鞘。复眼小，呈新月形。额短而宽，顶部光滑，无单眼。触角短，位于复眼前方的触角窝内。腹部为浅棕色或灰色，不分节呈袋状，密生细毛。雄性腹小而圆；雌性腹大，后端凹陷。足粗壮，末端有一对强而弯曲的爪，爪无齿。

其形态结构详见图3-5-112。

图3-5-112　羊蜱蝇
（*Melophagus ovinus*）
（雷萌桐提供）

## 五、防控措施

参照羊虱病防控措施。

（青海省畜牧兽医科学院兽医研究所　蔡进忠　李春花　雷萌桐供稿）

# 第六章

## 原生动物疾病

### 第一节  隐孢子虫病

隐孢子虫病（Cryptosporidiosis）是一种寄生于人和大多数哺乳动物（牛、羊等）的肠道内引起腹泻为特征的全球性的人畜共患性原虫病。由于隐孢子虫可造成哺乳动物（尤其是人、牛和羊）的严重腹泻，所以该病已被列入世界上最常见的 6 种腹泻病之一；该病是一个严重的公共卫生问题，同时也给畜牧业造成巨大的经济损失。

#### 一、病原

目前为止，据报道隐孢子虫已鉴定 40 余种 60 多个基因型，引起人畜腹泻的种主要包括人隐孢子虫、微小隐孢子虫、安氏隐孢子虫、犬隐孢子虫等。感染源是人和家畜排出的隐孢子虫卵囊，呈圆形或椭圆形（如图 3-6-5~图 3-6-6 所示隐孢子虫卵囊荧光抗体染色），直径 4~6 微米，成熟卵囊内含 4 个呈月牙形的子孢子。在改良抗酸染色标本中，卵囊为玫瑰红色，背景为蓝绿色，对比性强，容易分辨（如图 3-6-2 所示）。卵囊对外界环境的抵抗力很强，在潮湿环境中能存活数月；且对大多数的消毒剂都有明显的抵抗力。

#### 二、流行病学

隐孢子虫病呈世界性分布，在多个国家地区都有报道，各地区各个宿主间感染率高低不同。在我国多个省区也都有报道，畜牧地区多于非牧区，牛的感染率在 25% 左右。感染了隐孢子虫的人和动物均是传染源，其粪便和呕吐物中均含有卵囊。感染传播可发生于直接或间接与粪接触，食用含隐孢子虫卵囊污染的食物或水是主要传播方式。幼龄动物为易感动物，对其危害较大，以犊牛和羔羊发病较为严重，其生活史详见图 3-6-1。

#### 三、症状

隐孢子虫病潜伏期为 3~7 天。主要临床症状表现为患畜腹泻、厌食、消瘦、生长

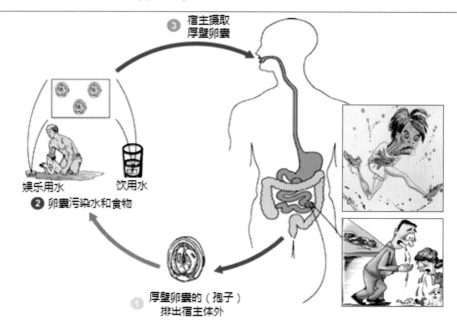

图 3-6-1　隐孢子虫的生活史（Panagiotis Karanis 提供）

发育停滞，精神沉郁有时体温升高。羊的病程为 1~2 周，死亡率可达 40%，牛的可达 16%~40%，尤其是以 30 日龄内的犊牛和 15 日龄内的羔羊死亡率更高。病理剖检呈现典型的肠炎病变，空肠绒毛层萎缩和损伤，肠黏膜固有层中的淋巴细胞、嗜酸性粒细胞、浆细胞和巨噬细胞增多，在病变处可发现虫体。

**四、诊断**

病原学诊断，粪便样品直接涂片染色，检出卵囊即可确诊。检查方法有：

①金胺—酚染色法。

②改良抗酸染色法。

③金胺酚—改良抗酸染色法。

④ PCR 和 DNA 探针技术的基因检测。

免疫学诊断：

①粪便标本的 IFAT 的单克隆抗体免疫诊断法和卵囊抗原的 ELISA 技术检测。

②血清标本的免疫诊断：常采用 IFAT、ELISA 和酶联免疫印迹试验（ELIB）。还有幼畜死后诊断，制作消化道黏膜涂片和病理切片，观察诊断。

隐孢子虫的抗酸染色形态见图 3-6-2；图 3-6-3 为隐孢子虫染色前后对比；图

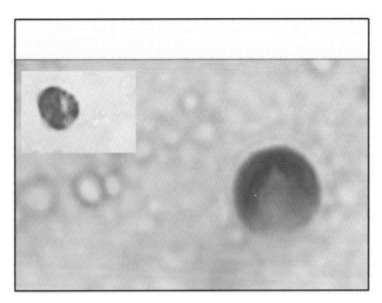

图 3-6-2　隐孢子虫的抗酸染色（Panagiotis Karanis 提供）

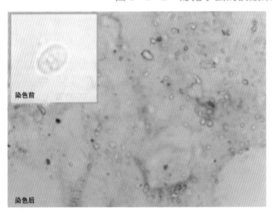

图 3-6-3　隐孢子虫染色前后对比
（Panagiotis Karanis 提供）

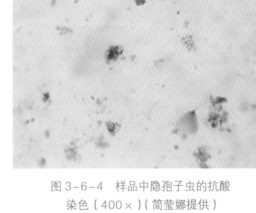

图 3-6-4　样品中隐孢子虫的抗酸
染色（400×）（简莹娜提供）

图 3-6-5　样品中隐孢子虫的 IFT
染色（100×）（简莹娜提供）

图 3-6-6　样品中隐孢子虫的 IFT
染色（400×）（简莹娜提供）

3-6-4为样品中隐孢子虫的抗酸染色（400×）；图 3-6-5 为样品中隐孢子虫的 IFT 染色（100×）；图 3-6-6 为样品中隐孢子虫的 IFT 染色（400×）。

## 五、治疗

目前尚未发现一种特效治疗药物。对免疫功能正常的牛羊采取对症治疗和支持疗法（止泻、补液、营养），纠正水、电解质紊乱。对免疫功能低下或受损的犊牛和羔羊，我国有用大蒜素治疗的，有一定效果。国外有采用螺旋霉素、巴龙霉素治疗的，也有用人工高免疫牛初乳、牛乳球蛋白和牛转移因子治疗的。

## 六、预防

主要是加强饲养管理和卫生措施，防止病人、病畜及带虫者粪便污染食物和饮水，切断粪口传播途径；提高动物的免疫力，保护免疫功能缺陷或低下的幼畜。由于卵囊的抵抗力强，对腹泻物，应用 3% 漂白粉中浸泡 30 分钟，或 10% 福尔马林、5% 氨水灭活。另外，65~70℃加热 30 分钟，也可灭活卵囊。

（青海省畜牧兽医科学院 张学勇 马利青提供）

# 第二节 羊泰勒焦虫病

羊泰勒焦虫病（Theileriosis）是指由泰勒科泰勒属的原虫寄生于羊的巨噬细胞、淋巴细胞和红细胞内引起的血液寄生虫病，主要表现为稽留热、贫血、出血、呼吸促迫，排恶臭稀粥样粪夹杂黏液或血液，尿液浑浊或血尿，引起的疾病会使羊只生长发育缓慢，产毛量和产肉量明显减少，严重损害养羊业的经济效益，造成严重损失。

## 一、病原

泰勒虫属于孢子虫纲梨形虫亚纲梨形虫目泰勒科，主要包括环形泰勒虫（*Theileria annulata*）、瑟氏泰勒虫（*T. sergenti*）、绵羊泰勒虫（*T. ovis*）和山羊泰勒虫（*T. hirci*）及骆驼泰勒虫（*T. camelensis*）。寄生于红细胞内的虫体为配子体呈现多种形态（圆环形、卵圆形、杆形、梨籽形、逗点形、圆点形、十字形和三叶形等，以圆环形和卵圆形为主）；寄生于巨噬细胞和淋巴细胞内或散在细胞外的虫体为裂殖体（石榴体），呈现为圆形、椭圆形或肾形。传播媒介在我国主要为青海血蜱和长角血蜱等。蜱吸血时虫体连同红细胞一起进入蜱体，在蜱体内进行配子生殖，并形成子孢子。

## 二、流行病学

我国羊泰勒虫病的传播者为青海血蜱和长角血蜱，该病主要发生在4—6月，5月为发病高峰期，羔羊和幼羊易感染，发病率高，病死率也高，1~2岁羊次之，3~4岁很少发病，一般呈地方流行性，引进羊群通常易感。

## 三、症状

病程一般持续1~7天，最长不超过10天。发病初期，病羊跟不上群，喜卧，精神沉郁，食欲减退，日渐消瘦，体表可发现蜱虫叮咬。体温明显升高达到40~42℃，呈现高热稽留，呼吸频率加快，60~80次/分钟，会发出鼾声，肺泡音粗厉，流黏稠或稀水样鼻液；心跳也会加速，120~180次/分钟，且节律不齐。可视黏膜渐为苍白，眼结膜初期可见潮红，继而苍白，略微出现黄疸。当患病羊呈现慢性经过时，初期采食减少，甚至废绝，瘤胃蠕动缓慢，反刍减弱或停止，同时可见病羊排出干燥粪便，后期却出现腹泻，且有血样黏液混杂在粪便中，散发恶臭味，个别甚至排出血尿。当患病羊呈现急性经过时，大于1个月龄且小于1周岁的羔羊发病后症状严重，病程持续大约7天，少数会突然死亡。剖检可见体表淋巴结肿大，尤其是肩前淋巴结明显。有的病羊呈兴奋型，还有的病羊腹围高度膨胀。

### 四、诊断

根据临床症状和流行病学资料（发病季节和过去流行情况）可以做出初步诊断。进行病原检查，可通过血片和淋巴结或脾脏涂片检查血液型虫体和裂殖体。还可通过特异性引物进行 PCR 基因扩增检测。

### 五、治疗

根据临诊症状，可选择对症治疗和支持疗法。选择贝尼尔（血虫净）深部肌肉注射，1 次 / 天，连用 3 天为 1 个疗程，皮下或肌肉注射咪唑苯脲或阿卡普林等；还可选择静脉注射 5% 葡萄糖、黄芪多糖、头孢噻呋钠、维生素 C 等。

### 六、预防

加强饲养管理，圈舍及周边环境定期进行消毒，进行灭蜱处理。同时，对羊群进行药浴，驱杀体表蜱虫等寄生虫。供给品质优良的饲草、饲料，确保羊群机体保持较高的抗病力。药物和疫苗预防：羊群都进行深部肌肉注射贝尼尔等药物，羊群可于每年 4 月份，接种羊环形泰勒焦虫裂殖体胶冻细胞苗，诱导产生免疫力。离圈舍放牧：一般 4 月下旬到 5 月初，将羊群轮转到草原放牧，避开此时饥饿的成蜱爬到羊群的体表；10 月下旬，羊群回圈舍饲养，从而避开成蜱吸血的阶段。在引进羊群时，务必做好灭蜱工作。

（青海省畜牧兽医科学院 张学勇供稿）

# 参考文献

北京农业大学 .1987. 家畜寄生虫学 [M]. 北京：中国农业出版社 .

蔡宝祥 .2001. 家畜传染病学 [M]. 第 4 版 . 北京：中国农业出版社 .

陈怀涛 .1995. 动物疾病诊断病理学 [M]. 北京：中国农业出版社 .

储岳峰，赵萍，高鹏程，等 .2009. 从山羊中检测山羊支原体山羊肺炎亚种 [J]. 江苏农业
　　学报 .6:1422–1444.

陈怀涛，等 .2010. 牛羊病诊治彩色图谱 [M]. 第 2 版 . 北京：中国农业出版社 .

丁伯良 .1996. 动物中毒病理学 [M]. 北京：中国农业出版社 .

段得贤 .2001. 家畜内科学 [M]. 北京：中国农业出版社 .

德怀特 .D. 鲍曼 .2013. 兽医寄生虫学 [M]. 第 9 版 . 李国清译 . 北京：中国农业出版社 .

甘肃农业大学 .1990. 兽医产科学 [M]. 北京：中国农业出版社 .

郭晗，储岳峰，赵萍，等 .2011. 山羊支原体山羊肺炎亚种甘肃株的分离及鉴定 [J]. 中国兽
　　医学报 ,3:352–356.

黄有德，刘宗平 .2001. 动物中毒与营养代谢病学 [M]. 第 1 版 . 兰州：甘肃科技出版社 .

晋爱兰 .2004. 羊病防治技术 [M]. 北京：中国农业大学出版社 .

孔繁瑶 .1981. 家畜寄生虫学 [M]. 第 1 版 . 北京：中国农业出版社 .

孔繁瑶 .2001. 家畜寄生虫学 [M]. 第 2 版 . 北京：中国农业出版社 .

李光辉 .1999. 畜禽微量元素疾病 [M]. 合肥：安徽科学技术出版社 .

李普霖 .1994. 动物病理学 [M]. 长春：吉林科学技术出版社 .

李冕，尹昆，闫歌 . 2011. 弓形虫病的诊断技术及其研究进展 [J]. 中国病原生物学杂志 . 6
　　（12）:942–944.

李祥瑞 .2011. 动物寄生虫病彩色图谱 [M]. 第 2 版 . 北京：中国农业出版社 .

刘宗平 .2003. 现代动物营养代谢病学 [M]. 北京：化学工业出版社 .

刘群 .2013. 新孢子虫病 [M]. 北京：中国农业大学出版社 .

陆承平 .2005. 兽医微生物学 [M]. 第 3 版 . 北京：中国农业出版社 .

逯忠新 .2008. 羊霉形体病及其防治 [M]. 北京：金盾出报社 .

邱昌庆 .2008. 畜禽衣原体病及其防治 [M]. 北京：金盾出版社 .

沈正达 .1999. 羊病防治手册 [M]. 修订版 . 北京：金盾出版社 .

史志诚 .2001. 动物毒物学 [M]. 北京：中国农业出版社 .

田树军 , 王宗义 , 胡万川 .2012. 养羊与羊病防治 [M]. 第 3 版 . 北京：中国农业大学出版社 .

王建辰 , 曹光荣 .2002. 羊病学 [M]. 北京：中国农业出版社 .

王建辰 , 欧阳琨 .1982. 羊病防治 [M]. 修订本 . 西安：陕西科学技术出版社 .

卫广森 .2009. 兽医全攻略羊病 [M]. 北京：农业出版社 .

谢庆阁 .2004. 口蹄疫 [M]. 北京：中国农业出版社 .

殷震 , 刘景华 .1997. 动物病毒学 [M]. 第 2 版 . 北京：科学出版社 .

张建岳 .2003. 新编实用兽医临床指南 [M]. 北京：中国林业出版社和中国农业出版社共同出版 .

张乃生，李毓义 .2011. 动物普通病学 [M]. 第 2 版 . 北京：中国农业出版社 .

张英杰 .2005. 养羊手册 [M]. 第 2 版 . 北京：中国农业大学出版社 .

朱剑英 . 徐金猷 .2011. 羊病防治技术问答 [M]. 第 2 版 . 北京：中国农业大学出版社 .

中国兽药典委员会 .2005. 中华人民共和国兽药典兽药使用指南 [M]. （化学药品卷 .2005 版）北京：中国农业出版社 .

Aitken I D. 1981. 绵羊的疾病 [M]. 第 4 版 . 邓普辉 , 何同协 , 杨利峰译 . 乌鲁木齐：新疆科学技术出版社 .

Dohoo L, Martin W, Stryhn H. 2012. 兽医流行病学研究 [M]. 第 2 版 . 刘秀梵 , 吴艳涛 , 等译 . 北京：中国农业出版社 .

Hirsh D C. 2007. 兽医微生物学 [M]. 原书第 2 版 . 王凤阳 , 范泉水主译 . 北京：科学出版社 .

Tizard Ian R. 2012. 兽医免疫学 [M]. 第 8 版 . 张改平 , 崔保安 . 周恩民译 . 北京：中国农业出版社 .